普通高等学校艺术设计专业“十三五”规划教材

商业空间设计

主编　陈妍

副主编　陈希　郭廓　张妹　许政

江苏大学出版社
JIANGSU UNIVERSITY PRESS
镇　江

图书在版编目（CIP）数据

商业空间设计 / 陈妍主编. -- 镇江 ： 江苏大学出版社， 2019.8
ISBN 978-7-5684-1128-8

Ⅰ.①商… Ⅱ.①陈… Ⅲ.①商业建筑－室内设计－空间设计 Ⅳ.①TU247

中国版本图书馆CIP数据核字（2019）第103457号

商业空间设计
Shangye Kongjian Sheji

主　　编 / 陈　妍
责任编辑 / 董国军　徐子理
出版发行 / 江苏大学出版社
地　　址 / 江苏省镇江市梦溪园巷30号（邮编：212003）
电　　话 / 0511-84446464（传真）
网　　址 / http：//press.ujs.edu.cn
印　　刷 / 南京璇坤彩色印刷有限公司
开　　本 / 787mm × 1 092 mm　1/16
印　　张 / 9.5
字　　数 / 213千字
版　　次 / 2019年8月第 1 版　2021年11月第2次印刷
书　　号 / ISBN 978-7-5684-1128-8
定　　价 / 55.00元

前言

Preface

商业空间设计是环境设计专业的必修课程，它是针对商业环境中的各部分空间创造建筑内部的理想环境。商业空间是人类活动空间中最复杂、最多元的空间类别之一。从总体上看，商业空间设计学科的相对独立性日益增强，同时与多学科的联系和结合趋势也日益明显。

本书结合了商业空间设计本身的学科复杂性，试图以设计的视觉规律为前提，贯穿人体工程学、光学、心理学、市场营销学等多方面的学科知识，以引导相关设计者策划出整齐别致的展示空间，为消费者营造舒适的购物环境，最终也可以促进提高销售效率这一目标的实现。

本书在编写过程中，针对环境设计专业课程的特点，根据自身的教学经验，同时借鉴了一些专家同行的观点，在内容讲述上尽可能地做到系统全面。为了便于读者学习，每章有明确的教学目的和要求，且设有实训题和思考题。

本书分六章，从商业空间概述、商业空间的分类、商业空间设计原则讲起，重点讲解商业空间设计内容，并综合讲述了商业空间室内设计中的色彩运用、商业空间的室内照明、商业空间的材料运用、商业空间展示道具设计与陈设等相关知识，以及商业空间设计程序。

本书参考了国内外较多优秀设计案例及作品，也引用了一些专家的设计理论。虽然已经在书后列出了大部分参考文献，但难免还会有些遗漏，在此谨向这些文献作者一并表示诚挚的谢意。

陈　妍

2019.07.26

陈妍

毕业于内蒙古师范大学美术学院室内设计专业。自任教以来发表论文 20 余篇，出版教材 6 本，主持参与课题立项 10 多项。主讲课程“材料与施工工艺”“居住空间设计”“公共空间设计与实训”等。

第一章　绪论

第二章　商业空间的分类

第三章　商业空间设计原则

第五章 商业空间设计程序

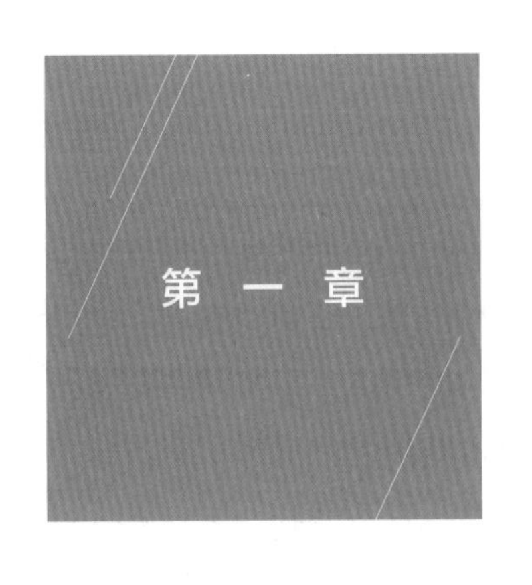

绪论

学习目标：掌握商业空间的发展现状，更好地参与商业空间规划实践。

学习重点：空间与空间的关系。

学习难点：商业空间的发展现状分析。

第一节　商业空间概述

一、空间是建筑的主体

建筑与人们的生活是密切相关的。创造一个适合人类生存的空间，是建筑活动的主要目的和基本内容。过去人们对建筑的理解一般只注重建筑的实体部分，如建筑的外轮廓、建筑的各个细部及装饰等；就建筑艺术而言，形象的整体性、各部分的比例及对称、节奏、韵律等传统的审美法则，也都属于实体部分。其实，建筑的实体和其围合的空间是一个有机的整体。空间是建筑的主角。人们的日常生活总是占有空间的，诸如起居、交往、采购、工作或学习等日常活动都需要适合这些活动的空间。

二、内部空间与外部空间

内部空间主要是指由建筑实体如墙、屋顶、柱等结构构件围合而成的空间，既包括建筑室内空间，也包括由建筑实体围合而成的内庭院、内街市等，这种空间有一定封闭性，侧界面的围合多于开敞，主要供进入建筑内部活动的人使用。外部空间主要指相对于内部空间的、由建筑实体分隔出来的室外的、属于城市公共部分的空间，如街道、广场空间。这种空间主要由城市公众使用，它直接和自然联系，容易受到气候、温度、明暗等自然因素的影响。

三、内部空间是建筑的主要内容

外部空间的设计效果直接影响着城市和建筑的面貌，它的塑造是建筑师、规划师及景观设计师不可忽略和轻视的。20世纪七八十年代以来，人们越来越重视这方面的研究，并且已经获得了可观的成果。但是在生产过程或日常生活中，内部空间与人的联系更为密切、直接，它的设计效果影响着人们的物质和文化生活。建筑的主要内容是内部空间。因此，内部空间的塑造一直都是建筑师最根本和最重要的工作之一。外观“好看”的建筑，其内部空间并非一定出色。有些建筑的内部空间往往因过于简单而缺少趣味，或因过于复杂而没有条理，甚至一些建筑的内部空间并不能满足使用者的要求，必须经过复杂的二次修改和装饰之后才能使用。在技术高度发展、人们的物质生活日益丰富、精神要求更加多样的今天，建筑的内部空间也日趋多样化和复杂化。由此看来，内部空间的塑造仍然是建筑师要重视的问题。

四、商业建筑的内部空间

二战后，随着汽车的普及，城市中心土地利用的饱和，郊区城市化的发展，在西方国家迅速兴起并占据了主导地位的各种购物中心和商业综合体等的大量出现，当代商业建筑从小型走向巨型化，从单体走向复合化，从个体走向城市化。就其内部空间来说，也日趋复杂与多样：室内或内部步行街、内广场、中庭、开敞式边庭、地下商业街等空间形态给商业综合体的内部空间带来了生机，同时也使内部空间更复杂多样。

那么怎样有条理地、艺术性地将商业综合体的内部空间组织起来呢？商业综合体的内部空间环境的设计与很多因素有关，怎样有序地创造出色的商业综合体内部空间环境呢？

在城市设计观念转变，城市与建筑走向一体化，网络生活、电子商务迅速普及，科学技术日新月异，生态和可持续发展仍是重要主题的21世纪，商业建筑走向何方，商业建筑的内部空间环境会受到怎样的影响，这些都是当代建筑工作者普遍关注的焦点。

第二节　商业空间的发展历程

一、我国商业空间的原型及变迁

中国的商业历史悠久，原始社会末期就已出现雏形。传说神农氏时便出现了原始市集。《易经·系辞下》记载神农氏“列廛（chán，旧指街市商店的房屋）于国，日中为市，致天下之民，聚天下之货，交易而退，各得其所”。至商代，城市中已经出现常设的交易场所——市。据《货殖列传》记载，“农不出则乏其食，工不出则乏其事，商不出则三宝绝，虞不出则财匮少”，说明社会分工已基本形成，商业活动初具规模。随着社会生产力水平的逐步发展，尤其是在工业化和城镇化的作用下，商业活动内涵不断更新发展，在人民生活和经济发展中发挥着巨大的作用。

（一）产生初期——“前店后宅”

中国古代的“重本抑末”“重农抑商”政策抑制了商业的正常发展。早期只有固定的商业贸易市场，其他的地方是限制商业活动的，直到宋朝才出现了商业街区。随着商业街区的出现，这种前店后宅的水平复合关系就出现了，其沿街商店也往往是以与住宅、作坊、加工场等综合性建筑相结合的形式出现的。这种复合型的商店建筑规模小，适合传统家庭式的商业经营方式和生活习惯。这种“前店后宅”的组合逐步向城市街巷纵向水平发展的布局发展，形成了店铺紧密相连、空间凹凸、形式丰富多变的商业街，丰富了街道活力。下图是南北常见的商业和住宅的水平混合模式（图 1–1、图 1–2）。

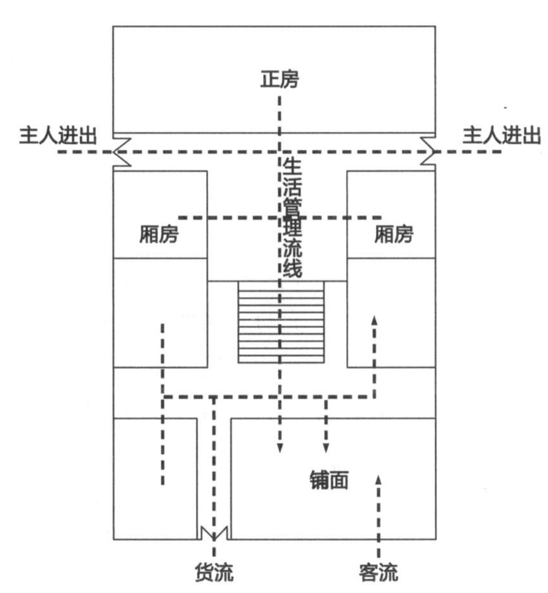

图 1–1　前店后宅（北方）

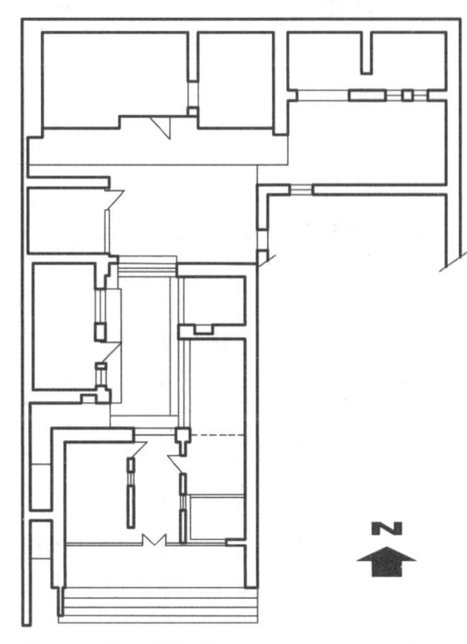

图 1–2　前店后宅（南方）

（二）发展阶段——“下店上宅”

明清时期，商品经济更加繁荣，城市商业和商业街区出现了明显的变化。这时的商肆，分工分区已趋明显，下店上宅模式在商业街区大量出现，这种模式不仅适应家庭经营，也便于商业租赁。商业的规模有所扩大，商业空间的独立性加强，住宅和商业的干扰进一步减少，有利于商业的进一步发展（图 1–3）。这种模式是商业综合体建筑的一种简单组合模式。随着西方工业革命的发展，钢筋混凝土框架结构进入中国，出现了更多底层商铺、上部住宅的综合体建筑。例如，民国时期的上海多层公寓。多层公寓首层设置商店、饭店，上面是三到五层的公寓，出现了较为完整的现代商住综合体建筑雏形。这种模式逐渐演变成底层带商店的多层住宅，成为国内绝大多数城市中一种主要的复合型建筑类型。

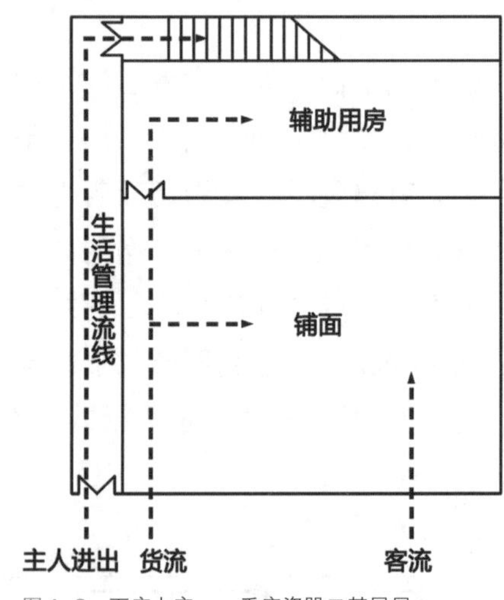

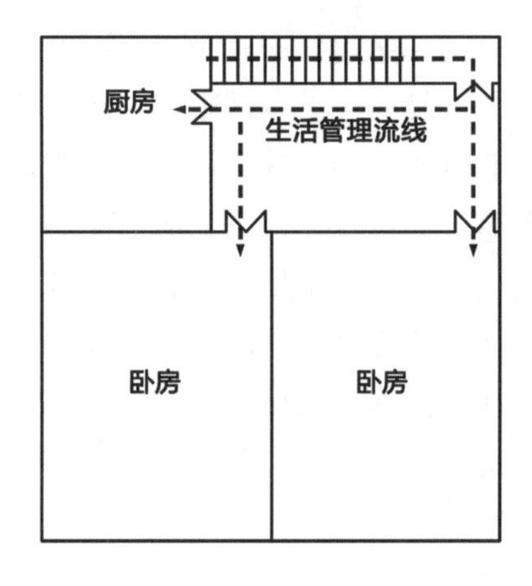

图 1–3　下店上宅——重庆瓷器口某民居

（三）成长阶段——多功能复合

鸦片战争后，中国传统社会的农耕经济在列强侵略冲击下逐步解体，商业建筑也随着经济发展发生了很大变化。商业规模进一步的扩大，传统的水平组合式的商业格局满足不了商业的发展。除了在西方殖民的影响下，引入大量的新商业建筑形式如百货商店外，由传统的市集市场发展出了一种有着民族传统方式的综合性商业建筑——劝业场（图 1–4、图 1–5）。《中国近代中西建筑文化交融史》一书指出“该商场内部划分为小空间招租不同行业的经营者，里面开设娱乐、饮食、服务铺，类似旧式庙会性质，以集中多种业态的方式，把购物、游艺、休息等设在一起，很受顾客欢迎。这类商场利用内天井、大厅回廊式平面布置，提供自然的通风采光，以弥补大空间的

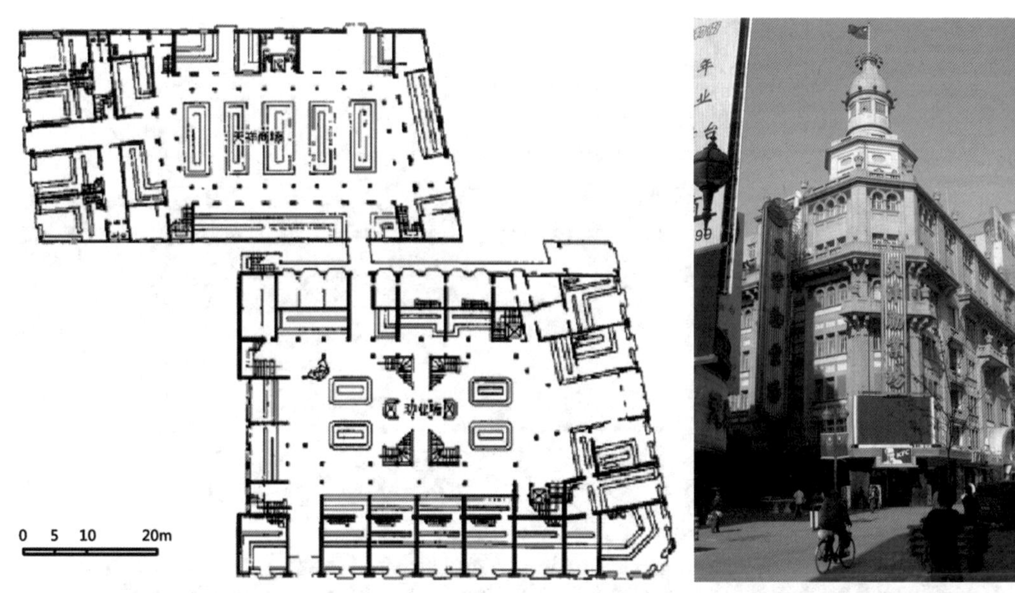

图 1–4　天津劝业场平面示意图

图 1–5　天津劝业场外景

光线不足。一般为小空间连续串联，围合一个共享大空间的组合方式”。这是商业综合体的早期形式之一，也是特殊年代的特殊说法，这个时期已体现出多种功能复合、优势互补的现代商业模式。

二、国外商业空间的变化

（一）产生初期——“水平混合”

不同于中国某些朝代限制商业发展的情况，西方早在出现公共活动区（广场）和专属公共区（体育竞技场）的同时就出现了商业贸易活动。由于商业活动多与祭祀、演讲、体育活动等公共活动混杂一起，故很早就出现了与这些功能相适应的商业建筑，但由于建造技术限制，最初也多是水平混合的商业建筑，比如出现在古罗马时期的卡拉卡拉浴场（图 1–6 至图 1–8）。

该建筑以位于中心的浴场为主体，商店布置于前面和两侧外围，后面包含图书馆、演讲厅、音乐厅及室外运动场。由于建造技术的限制，多种功能以水平组合呈现。这些建筑内容基本容纳了当时的城市生活的方方面面，如听哲学演讲、歌剧表演，参与公审断案、交流信息、体育祭祀、诗歌宴会、买卖交易等活动。该类建筑单在古罗马就已发现 11 座之多。这种多种功能融合于一体的建筑，对后世商业建筑的发展产生了巨大影响。

图 1–6　卡拉卡浴场复原模型

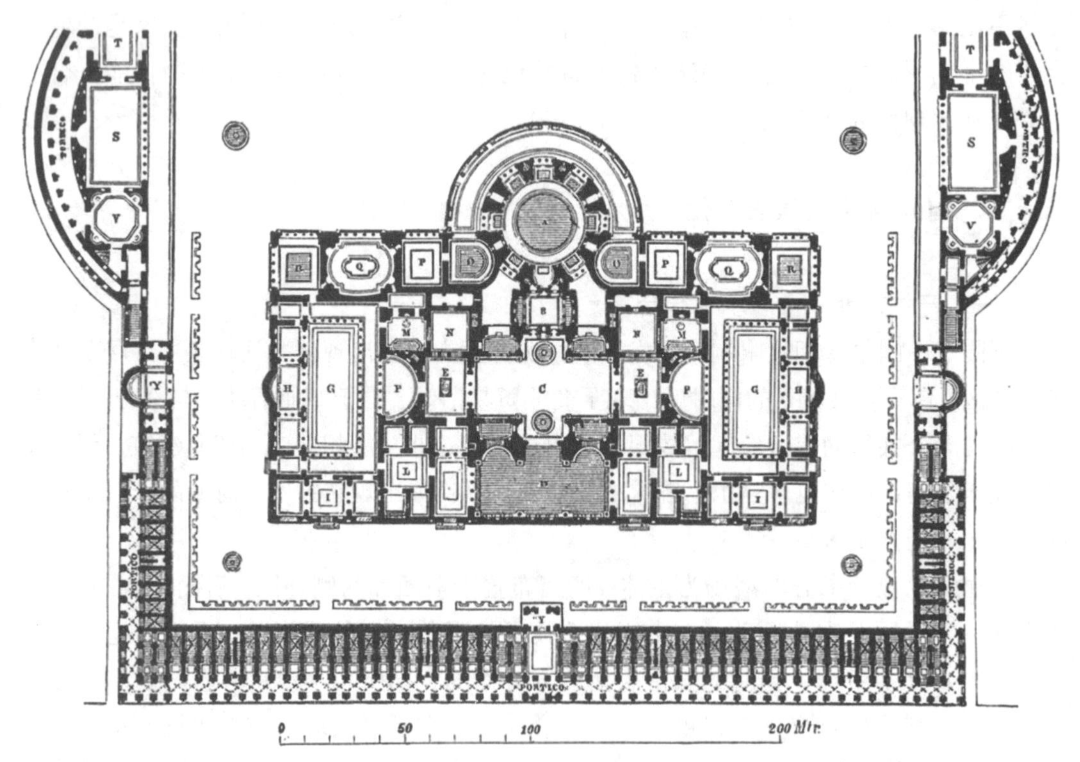

图 1–7　卡拉卡浴场平面示意图

图 1-8　卡拉卡浴场室内复原图

（二）发展阶段——“垂直发展”

随着工业革命的发生和建造技术的不断完善，现代商业建筑的雏形出现在 19 世纪的法国巴黎，在当地出现了一种“Walk-up”的建筑。商店、咖啡厅、饭店和剧场布置于下面三层，四、五层则是住宅，临街层采用连续拱廊设计，面向城市主干道，与城市生活紧密连接，丰富了城市环境。这种方式为街道或社区提供了连续的活力界面，其形式一直延续到今天。

（三）成长阶段——“屡受挫折”

19 世纪后期很长一段时间，规划思想主张城市应按居住、工作、游息进行分区，三者之间再进行平衡布置，同时建立一个联系三者的交通网。这种思想很长时间限制了混合式商业建筑的发展。除此之外，随着商业贸易的增加，商业建筑的形式走向大型化和郊区化。百货公司、超级市场、直销商店等形式的出现使商业空间趋向类型化和标准化。随着私家车的普及，城市郊区化发展趋势明显，购物中心如雨后春笋般建立起来。随着交通的便利，郊区购物中心获得了长足的发展，并逐步演变为今天的一站式服务的“MALL”。

（四）成熟阶段——“历史回归”

为避免城市郊区化发展造成的城市中心衰退，商业综合体的模式在城市重新发展起来，成为与购物中心、商业步行街齐头并进的商业建筑形式。高密度是城市中心区的特征，商业综合体是高密度要求下的必然产物。在信息交流、交往活动聚集的中心区，高度综合体服务的存在为商业综合体发展提供了市场。在这种情况下，商业综合体走向了巨型化，成为城市中心的一种象征，延续和提供城市活力，成为城市中心区的重要组成部分。例如，著名的美国洛克菲勒中心，现在已经成为美国最具活力的金融中心。其最初也是在 1928 年开始计划具有剧院、办公用途的商业综合体。经历 1931 年到 1940 年的十年建设，成为一个 14 栋建筑围合而成的商业中心，这些大楼基本都是混合功能的高层商业综合体建筑。而商业空间设计问题也在此阶段变得越来越复杂。

三、商业空间的发展现状

目前，商业建筑在我国有较大的发展空间，并趋向规模大型化、功能多样化、品质高级化、交通便捷化，从而与城市的基础设施、城市空间、城市环境密切的关联在一起。商业空间的城市、建筑、交通一体化，使得商业空间极大地依赖和影响着城市空间环境，与外部关系更加密切。同时，商业建筑空间的内部形态也从封闭走向了多层次、多要素整合的动态系统，内部日益复杂多变。商业空间不仅延伸到城市空间，也渗透在其他子功能内，并与其他特征空间相交织。正是如此，部分商业建筑呈现出超常规模的尺度，形成极大的视觉震撼力，成为城市的地标和财富的象征。

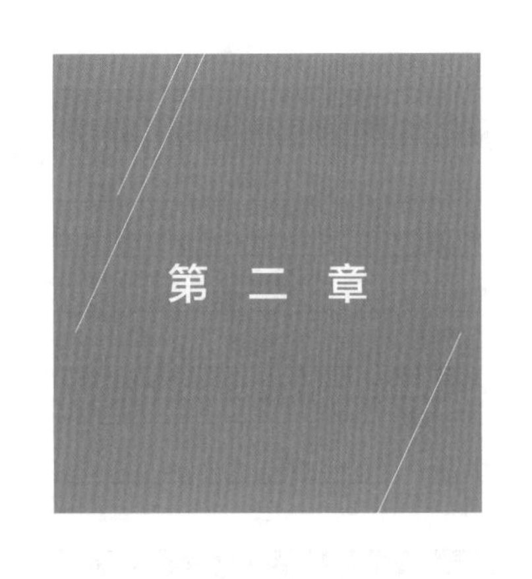

商业空间的分类

学习目标： 掌握从行业类别、销售形式、建筑形式、建设规模及服务范围等多角度对商业空间进行分类的内容。

学习重点： 理解人性化设计。

学习难点： 城市购物环境和地理位置分类。

随着线上零售的崛起，诸多传统的商业百货关店歇业。但这并不意味着踏入存量时代的商业型地产没落，而是要求更多能够适应线上线下整合、适应新媒体发展、适应体验销售的智慧商业不断涌现，使之快速发展来紧跟现阶段的商业模式变革。因此，为了适应如今复杂的商业模式、多变的空间结构、多方向体验的购买流程的要求，强大的品牌作用及营销需要在不同类型的商业空间中得到发展，因而产生了许多类型各异的商业建筑形式。如表 2–1、表 2–2 所示的商业建筑形态的包含关系及可容纳的零售业态，这反映出商业建筑分类的复杂性。

表 2-1　商业建筑形态间的包含关系

		商业街区	商业步行街	商业综合体	独立式商场	专卖店	专业市场
1	商业街区						
2	商业步行街	○		○	○		
3	商业综合体	○	○				
4	独立式商场	○	○				
5	专卖店	○	○	○	○		○
6	专业市场						

表 2-2　商业建筑形态和可能容纳的零售业态

		商业街区	商业步行街	商业综合体	独立式商场	专卖店	专业市场
1	食杂店	○	○	○			
2	便利店	○	○	○			
3	折扣店	○	○	○			
4	超市	○	○	○			
5	大型超市	○	○	○	○		
6	仓储会员店	○	○	○	○		
7	百货店	○	○	○	○		
8	专业店	○	○	○	○		○
9	专卖店	○	○	○	○	○	○
10	家居建材商店	○	○	○	○		
11	购物中心	○	○	○			
12	厂家直销中心	○	○	○	○		○

第一节　从行业类别的角度划分

商业空间从行业类别的角度可被分为零售、批发、娱乐休闲、餐饮、展览、综合商业。具体形态有杂货铺、便利店、专营店、百货商场、综合自选商店、购物中心、商业步行街等，还有兼容零售及批发的仓储式商场。

一、杂货铺

杂货铺指贩卖日常杂货的小店，常分布在居住区周边、居民步行可达之处，如小区入口处、小区院内及城市支路路旁。以售卖日常生活用品为主。其辐射范围较小，店面多不重视装饰，租金较少且具备很大的灵活性。如图 2-1 所示，为 2008 年建成入住的某独栋公寓楼一层的日杂店，简单的货架及冷藏柜满足使用要求。杂货铺的物品陈列多紧凑整齐，店铺空间较小（图 2-2）。

图 2–1　大连某公寓一层日杂店

图 2–2　日本大分县由布院小镇街巷小店

二、专营店

专营店分为专业店及品牌专营店，专业店指针对性经营某一类别商品并提供购买指导及服务的专业性零售商店。如拥有 130 多年历史的 Barnes & Noble，是美国最大的书店运营商，针对性售卖图书、音像制品等。位于韩国首尔新沙洞林荫路的 BAT 漫画图书馆（图 2–3），以租售不同类型漫画书籍为经营内容的主题性图书馆，店内漫画书种囊括 ARTISTIC、WEBTOON、CLASSICS、POPULAR、ROMANCE，为读者提供全面专业的漫画书籍种类选择，店内包含水吧服务，店面整体设计，氛围十足。

图 2–3　BAT 漫画图书馆

品牌专营店则指专项售卖或经授权售卖某品牌商品的零售商店，包括品牌旗舰店、加盟连锁店等。如位于成都太古里的外星人 ALIENWARE 旗舰店（图 2-4）。针对性售卖建材、家居品的家居建材商店也属专营店。如始建于 1943 年瑞典的 IKEA 宜家家居（图 2-5、图 2-6）。

图 2-4　成都远洋太古里外星人 ALIENWARE 旗舰店

图 2-5　IKEA 宜家家居建筑外观

图 2-6　IKEA 宜家家居内部商品售卖场景

三、百货商场

百货商场是售卖商品种类繁杂、服务覆盖面积较广的综合市场。其市场定位综合化，为顾客提供更为多元的选择，更为便捷的购物体验。此类商场空间重装饰，有较为周到的服务。店面租赁金额较高，因而需要高营业额的支撑才能得以运营。现阶段受到线上电商及大型综合超市的价格冲击及专业店的品牌与技术冲击，除了极占优势及具有区域购买习惯倾向的少数百货商城外，顾客很难将其作为购物场所的第一选择。图 2-7 为始建于 1958 年的抚顺百货大楼。

图 2-7　抚顺百货大楼

四、综合自选商店

图 2–8　麦德龙（大连西岗商场）

综合自选商店又称超级市场（超市），指店铺中以商品种类作为区域划分的依据、公开展列于货架、任顾客自行选购、统一区域一次性结款的购物场所。所卖物品种类齐全，多以生鲜食品、日用杂货为主。一般认为，第一家超市是 1930 年开设的金库仑联合商店，位于美国纽约。售卖形式及商品价格的大革新被称为零售业界的第三次革命。第二次世界大战后流行于世界各国，因较低的人力投入而获得较低的售卖价格很快被大家所接受。法国家乐福、德国麦德龙及美国沃尔玛均为大家熟悉的国外大型超市连锁品牌。我国本土品牌包括有北京华联、上海联华、恒客隆、欧亚超市、华润万家等。图 2–8 为大型批发零售综合超市麦德龙。

五、购物中心

购物中心指不同种类的零售型店铺整合，融购物、餐饮、娱乐休闲、健身、商务等多类型服务为一体的独立建筑或区域商业。一般由一到多个企业规划、开发及运营。功能全面，设施完善，有一定容积率的停车场及道路配套，能够给购物者带来舒适便捷的消费体验。我国根据市场形态，将购物中心分为三个类别，社区型购物中心、市区型购物中心及城郊型购物中心。建造面积依次增大，其中城郊型购物中心建造面积大于十万平方米，服务内容非常全面。

图 2–9 为成都远洋太古里，由太古地产及远洋地产共同开发的开放式、低密度街区形态购物中心。图 2–10 为位于成都远洋太古里负一层的方所书店。

图 2–9　成都远洋太古里街区形态

图 2–10　成都方所书店

六、步行商业街

步行商业街指沿街道形态建造的单层或多层商业建筑。一条商业街包含多种服务类型的商铺，多以入口为中轴对称式分布，店铺外立面设计风格多统一，极具地域特色。商业街是一个城市整体商业的浓缩形态，也是很多城市的旅游商业标签。以点及线、以线及面的布景方式，使得商业街外部具有较强的观感及趣味性，建筑内部丰富，差异明显。给顾客带来自由、便捷的消费体验。图 2-11 为重庆解放碑步行街，作为中国最早的商业步行街，重庆解放碑经历漫长的更迭才形成如今繁荣热闹的景象。图 2-12 为厦门中山路步行街夜景。图 2-13 为日本福冈太宰府表参道商业街内的星巴克店，由日本知名建筑设计师隈研吾设计，店铺由两千根杉木木条交织构成 Cidori 结构，贯穿店铺内外，与表参道的日式风情融为一体。

图 2-11　重庆渝中区解放碑步行街夜景

图 2-12　厦门中山路中轴对称的商业街形态

图 2-13　日本福冈太宰府表参道的星巴克

极具城市特色及地域风情的美食商业街也属于商业街的范畴。例如，北京的烟袋斜街、上海的多伦路文化街、成都的锦里、重庆的磁器口街、广西的北海老街、无锡的南长街、苏州的山塘街、杭州的河坊街、扬州的东关街、西安的回民街、厦门的八市等。图 2–14 为厦门八市的俯瞰风貌。

图 2–14　厦门八市

（一）商业街的类型

基于消费功能角度，商业街区可分为复合型街区、休闲型街区、社交型街区等几类。复合型街区是以满足家庭日常生活消费与文化教育消费需求为立街之本，同时为休闲生活与社交需求提供消费场所的街区，如上海大宁国际、上海金桥国际、海口上邦百汇城、成都优品道等。休闲型街区是以满足休闲生活方式和社交需求为目的，餐饮、娱乐休闲、配套服务，以及精品购物四大功能相对均衡的街区，如新天地系列、武汉万达汉街、北京三里屯 Village 等。社交型街区是以满足社交消费为目的，以大型商务餐饮和夜间娱乐等消费内容为主的街区，如北京三里屯、成都兰桂坊、1912 系列、苏州月光码头等。从商业街经营规模和形态上分类，商业街大致分为四大类：有历史传统的步行商业街、大型中央商业街、社区商业街、专业特色商业街。

1. 有历史传统的步行商业街

许多城市的步行商业街都规划在城市有商业历史传统的街道中，如北京前门商业街、上海新天地、广州上下九路步行街、成都宽窄巷子商业街等。那些久负盛名的老店、古色古香的传统建筑，犹如历史的画卷，会为步行商业街增色生辉。因此，设计有历史传统的步行商业街时，要注意保护原有建筑风貌。

2. 大型中央商业街

大型中央商业街是经济发展到一定程度的产物，是大都市的商务核心区域，如美国纽约的曼哈顿、东京银座等。大型中央商业街是一个具有综合性功能的区域，包括金融、贸易、信息、展示、娱乐、写字楼及市政配套。中央商业街位于城市中的黄金地段，是经济和商业发展的中枢地带。

3. 社区商业街

社区商业街经常是同住宅建筑合二为一的，也就是底层商业。社区商业街总体规模小，是一种社区化的消费场所，以零售业为主，如超市、零售便利店、药店等。社区商业街在首层商业空间与二层住宅空间之间常常用雨罩、骑楼遮阳等形式，将商业空间与居住空间区分开，既能降低噪声和视觉干扰，也可使上下不同的建筑个性有一个明确的区分带。

4. 专业特色商业街

专业特色商业街就是在商品结构、经营方式、管理模式等方面具有一定专业性的商业街，分为两种类型：一是以专业店铺经营为特色，以经营某一大类商品为主，商品结构和服务体现规格品种齐全、专业性的特点，如文化街、美食街、电子一条街等；二是具有特定经营定位，经营的商品可以不是一类，但经营的商品和提供的服务可以满足特定目标消费群体的需要，如老年用品、儿童用品、学生用品等。

（二）商业街的布局组织与尺度

目前商业街区的布局组织方式主要有体块布局及流线布局两类。

体块布局指的是单铺的“街元素”与块状商业综合体组合后的形态，以及内部人流的动线组织关系。街区的体块组织形式由街区的功能定位、业态组织与主力租户需求三大要素决定。

流线布局可大致分为三类：线性组织模式、网络组织模式和环形组织模式。内部流线体系设计的最大的原则是“利于流动，流动四方”。而水平动线设置的原则是：动线力求简单，强化秩序感，规避商业经营死角；强调主动线，结合广场节点、主力租户等带动辅线人流。

线性组织模式方向性强，客流集中，但需通过设置节点空间来降低消费者的枯燥感。线性组织模式适用于狭长的基地，在线形街区两侧布置店铺。优点是布局紧凑，通过效率高，方向性强。缺点是回游性略差，单方向易造成一定的枯燥感。可通过将街区设计成弧形来增强趣味性，在线上布置大型的节点来缓解消费者的枯燥感。

网络组织模式的环境适应性强，但人流容易分散，需谨慎控制“网络”的数量与长度。网络组织模式适宜布置的基地为不同长度和形态，因为“网络”可灵活适应基地的不同形态。优点是基地利用率高。缺点是回游性差，容易让消费者分散于各支路。可通过谨慎地设计“网络”的长度、方向、交点等来改善。

环形组织模式方向明确，人流集中且回流性高，但需要在较为规整的用地上使用。环形组织模式适用于布置较宽松或者较规整的基地。其优点是回游性好，店铺可获得更为均等的被浏览概率，可提高销售机会，便于利用平面中明确的向心性来组织节点空间。

商业街的尺度应该以消费者的活动为基准，而不是以过往机动车为参照。购物消费者所关注的纵向范围主要集中在建筑一层，对一层以上的范围几乎是“视而不见”。横向关注范围一般也就在 10 米到 20 米之间，而超过 20 米宽的商业街，消费者很可能只关注街道一侧的店铺，不会在超过 20 米宽的范围内“之”字前行。

商业街的宽度与两侧建筑高度之间的比例关系涉及商业街空间的围合程度。围合程度由街道宽度（*D*）、商业街建筑高度（*H*）、消费者视角三个元素构成。

当空间围合程度很高，达到“全围合”时，街道宽度（*D*）：建筑高度（*H*）=1，消费者以45度视角观看可以看到建筑顶部的招牌。“全围合”是消费者观察建筑细部最优的围合程度。

当空间围合达到“界限围合”时，街道宽度（*D*）：建筑高度（*H*）=2，消费者以37度视角观看可以看到建筑顶部的招牌。“界限围合”时，消费者可观察到建筑的整体。当空间围合达到“最小围合”时，街道宽度（*D*）：建筑高度（*H*）=3，消费者以8度视角观看可以看到建筑顶部的招牌。“最小围合”使消费者可观察建筑的整体与周边环境的关系。

传统街巷商业街的*D*：*H*一般为1，它让人产生内聚感，消费者可以观察到许多设计细节。中型商业街的*D*：*H*一般为2，它让人产生安定感，消费者可以观察到整体建筑造型。大型商业广场的*D*：*H*般为3或以上，产生开阔感，周边环境及商业街建筑天际线的设计都非常重要。

基于商业街尺度的研究，商业街的建筑外观造型的设计可以分为三个层面：第一层面是商业街两侧建筑的宏观造型，也就是天际轮廓线。许多著名商业街的外观轮廓往往都使人过目不忘，如巴黎的香榭丽舍大道、广州的上下九路商业步行街等。

第二层面是人在中距离上对建筑的感知层面，也就是建筑外观的中观元素。其中包括建筑开窗与实墙面的虚实对比、立面横竖线条的划分等。

第三个层面则是人到建筑近前、与建筑直接接触的微观层面。人所能感受的范围也就在一层高之内。这一层面上的设计重点应该是建筑的细部和材质的运用。

商业街的设计重点也应在首层外观的细部上，包括门窗的形式、骑楼雨罩的应用、台阶、踏步、扶手、栏杆、花盆、吊兰、灯具、浮雕、壁画、材质、色彩与划分，等等。建筑师的设计深度不应仅仅停留在这个层面上，缺少细部的设计必然会空洞没有人情味，无法满足购物时消费者对商业街建筑的尺度要求。

（三）商业街的设计要点

1. 商业街的空间限定

由于商业街的空间是开放的，和周边城区的交界比较模糊，因此在设计商业街的时候最好在入口、出口、中心及两侧设立明显的标志物或者标志建筑来限定空间。如此，消费者能感知自身在商业街内的空间位置，避免了在开放空间中常有的混乱与迷失感。

在商业街的入口和出口两端设立明显的标志物，如有特色的门廊、牌坊等。在商业街的中央区域，可以有一座高耸的建筑物标示中心，如重庆的解放碑就成为重庆市渝中区中央商务区（CBD）的标志物。而商业街两端的标志建筑物确立了商业街的空间范围，也便于购物者发现对面的商业建筑，促进商业人流的流动。

人在商业街中漫步时，会进行各种形式的活动，时而漫步前进，时而停留观赏，时而休息静坐。因此，商业街的空间大致可分为“交通空间”和“购物步行空间”。“交通空间”可用于快速前进、交通工具通行、列队行进等，而“购物步行空间”可用于购物、休憩、读书、等候及饮食等。对于商业街的空间而言，具有通过性、发散性的“交通空间”不易聚集人气，因此最好把“交通空间”与“购物步行空间”隔开。

2. 风格色彩的多元化

自然形成的传统商业街的独特之处，在于其不同时期建造的、风格迥异的铺面杂拼在一起，以其多元化而达到统一的繁华效果。新设计的商业街往往因人为的统一而流于单调乏味。为追求传统商业街的意境，设计师应有意识地放弃简单地追求立面手法统一，而应刻意创造多种风格的店铺共生的效果。

不同风格的建筑单元拼在一起使人联想起小镇风情。即便是同样设计的不同单元，也可以通过材质、颜色的变化，加强外观差异化。商业街的魅力就在于多样立面形态的共生，这是商业街与大型百货商厦的区别，也是商业街的魅力所在。

3. 面材的软化与精化

商业街中的店家需要根据自身商业的性质特点，进行店铺外观的二次装修。所以商业街的建筑外观仅仅是一个基础平台。二次装修中，店家需要安装有个性的招牌，有特定的颜色、样式。而招牌、广告、灯箱等室外饰物往往成为建筑外观中最惹眼的元素。所以，成熟的商铺建筑外观设计应考虑“二次装修”改造的可能，应预留店名、招牌、广告和其他饰物的位置。

为突出人情味，商业街表面构件上越来越多地应用了软性面材，如篷布遮阳、竹木材料外装、悬挂的旗帜和其他织物招牌等饰件。这一趋势使得建筑立面设计更趋近装修装饰设计，也要求设计师不能停留在建筑框架的设计深度上，必须以装修的精度来做商业街立面设计。换句话说，商业街的外观设计已经很室内化了。

4. 重视非建筑元素

商业街室外空间商业气氛的形成，主要取决于建筑的空间形态和立面形式，但也取决于一些其他建筑元素的运用。比如室外餐饮座、凉亭等功能设施，花台、喷泉、雕塑等景观，灯具、指示牌、电话亭等器材，灯笼、古董、道具等装饰，铺地、面砖、栏杆等面材，这些元素是商业街与人发生亲密接触的界面。

第二节　从销售形式的角度划分

顾客的消费形式存在多样性，现阶段市场可供的选择也是多种多样的，消费的目的较为复杂，可以从顾客消费后所获取的内容归纳销售形式。整体可分为两种类别，其一是顾客消费后获得了实体物品，如“3C 产品（即计算机、通信和消费类电子产品）”消费、服装消费等；其二是顾客消费后获得体验，得到娱乐、知识或者回忆等。针对顾客不同的消费需求，销售形式可分为实体销售、体验销售和综合销售。

一、实体销售

实体销售涵盖商品种类繁多，顾客需求各异，小到日杂、化妆品、服装、食物，大到家具、汽车、房产都属于这一类别。以实体物品作为经营的核心，针对不同地区、不同文化的人群进行商业规划，从而达到售多利大的经营成果。图 2–15 为位于大连市西岗区百年港湾奥特莱斯购物中心，拥有百年历史的奥特莱斯发源于美国，有工厂直销之意，以出售知名品牌尾货、工厂直销款为主要经营模式，是有针对性的实体销售类的购物中心。

图 2–15　大连百年港湾奥特莱斯购物中心内外景

二、体验销售

与实体销售有所不同，产生体验消费行为的顾客，不会直接获得他们认为等价的实体商品，取而代之的是感受的获取。顾客的感受作为此类业态经营模式的核心。店铺往往着重空间设计及产品营销宣传效果，将顾客无法第一时间触碰到实体商品的缺失用良性的空间氛围、潜移默化的消费引导及体贴入微的服务所代替。如酒店、KTV、艺术展馆、体育馆、早教中心、游乐场等，都属于此类空间。

三、综合销售

随着市场不断发展，业态模式也随之更新，变得更为复杂，现阶段商业空间中常常兼容实体销售及体验销售，店家们为争取在竞争激烈的市场环境中生存，不断丰富自身的销售手段，为顾客提供多样的消费体验。如美术馆、博物馆内设置精美的文创品店；化妆品专柜设置专业的形象设计师及化妆师为顾客形象定制、专业讲解；而不少餐饮店为招揽客人，在店面设计上也花费了不少心思。比如厨房间设置明档，将食物烹制过程以表演的形式展现给食客；再如，具备民族特色的餐厅，要求服务人员穿着民族服饰，在店内进行时段性歌舞演出，增加食客就餐乐趣及食物的地域文化感。图 2–16 为中国唯一一家饺子博物馆，位于大连东港商务区，这家博物馆详细展列了古今中外的各色饺子及其制作工艺和流程，馆内设置了舒适的就餐区域供消费者观览后亲自制作及品尝美味的水饺。综合销售就是将实体销售及体验销售相互融合的方法，商业模式的发展因此呈现出更为多元的趋势。

图 2–16　大连东港商务区饺子博物馆

第三节　从建筑形式的角度划分

商业活动发生的载体便是建筑，由建筑所提供的空间，人们得以在其中进行售卖及购买活动，而就商业空间而言，建筑的形式可以分为两类，一类是商业建筑单体，另一类则是商业建筑群。

一、商业建筑单体

商业建筑单体可以分为功能较少的个体建筑及复合化的大型单体建筑，两者均属于建造于规划地块的独立建筑。规模较小的个体建筑普遍以售卖模式为主，不涵盖酒店、商务等城市功能，而较为复杂的商业单体则融合了购物、餐饮、娱乐休闲、旅游、商务、酒店、演出等众多城市功能。如由扎哈·哈迪德设计的成都新世纪环球中心，虽然它以一个单体建筑的形态存在，但确实是一个庞大的功能齐全的“城市综合体”。新世纪环球中心由三个部分组成，包含环球中心、世界当代艺术中心及中央广场。其中，环球中心包含海洋乐园、购物中心、中央商务城、天堂洲际大饭店及地中海风情商业小镇；世界当代艺术中心包含大剧院、剧场、音乐厅、多功能厅、展示厅及艺术馆；中央广场设计有音乐喷泉及路边喷泉，配合音乐计算机系统及灯光设备呈现丰富多彩的视觉景观。

二、商业建筑群

商业建筑群指城市中以开展商业活动为核心目的的若干相邻建筑单体所组成的空间关系紧密的建筑群体，从建筑物的分布形态上可分为带状分布的沿街商业建筑群及组团形式分布的集成商业建筑群。建筑群的建造地点多样，包括城市中心、水滨、山地等。如国家级文物保护单位——大栅栏商业建筑群，位于北京西城区前门外大栅栏地区，属于沿街而建的建筑群，商铺林立，旧址门面修护良好，是极具时代风情的古建商街。

位于重庆渝中区的鹅岭二厂文创公园就是极具历史风貌的商业建筑群。1939 年建立之初为中央银行印钞厂，1953 年成为重庆印制二厂。这里曾是重庆的彩印中心和西南印刷工业的彩印巨头，20 世纪 50—70 年代垄断了重庆几乎所有的彩色印刷业。2014 年在保留原厂区建筑风貌的基础之上进行区域规划改造，成为著名的文创公园（图 2–17）。

图 2–17　重庆鹅岭二厂文创公园

第三节　从建设规模的角度划分

我国依据商业空间规划用地面积可以将商业空间分为大型、中型、小型三类（表2–3）。

表2–3　以建设规模分类的商业空间

建设规模	用地面积（m^2）	经营形态	服务范围
大型商业空间（超级型）	120000（＞240000）	物业型MALL、连锁MALL（生活型、动力性、泛商业）	城郊、市中心、商务区
中型商业空间	60000~120000	百货公司型购物中心、物业型购物广场	区域中心
小型商业空间	＜60000	小型百货商店、超市、独立店铺	社区、近邻

一、大型商业空间

大型商业空间一般指建设用地面积大于120000 m^2 的商业项目，此类商业空间在大中型城市的规划建设中相对较多，多位于城市商务区或城郊地区，涵盖商业形式十分丰富，商圈覆盖半径超过十公里，具有交通便利、停车便捷、配套齐全、定位明确等特点。源于欧美市场的郊区大型娱乐购物中心形态——MALL，便是典型的大型商业空间。它可以是以建筑群的形态出现，也可以是一个大型的单体建筑，内部包含多类型的零售业态，构成大型的零售综合体。MALL原意为林荫路，指MALL中含有一条以上的步行街为消费者提供惬意的购物体验。地产商会根据自身的市场定位及需求，将自己建设的MALL给出不同的经营概念，如生活型MALL、动力性MALL、泛商业MALL等。

世界上最大的MALL是位于加拿大的西爱民顿购物中心，建筑面积大于500000 m^2，入口超50处，拥有20000个停车位。购物中心容纳800多个商户，100多家餐馆，经营门类极为丰富，是高度专业化、综合化的成熟商业综合体系。

二、中型商业空间

中型商业空间一般指建设用地面积在60000~120000 m^2 的商业项目，此类商业空间更为常见，城市不同区域均有覆盖。不少物业型购物广场及百货型购物中心属于该类型。其中，物业型购物广场由房地产商开发建设，实行租赁制的商业空间，面积在50000~100000 m^2 之间，定位明确，购买人群集中。可以是以出售奢侈品牌为主的高端市场，也可以是定位亲民的购物中心。百货型购物中心由大型连锁百货公司发展建设。面积在100000~150000 m^2 之间，属于中型偏大的商业空间，商业入驻业种齐备但复合型不高。根据早年的市场经验，百货公司更容易树立较好的信誉度，建立更多的客户关系，其招商效果及销售业绩普遍高于纯物业型购物广场。

三、小型商业空间

小型商业空间一般指建设用地面积小于 60000 m^2 的商业项目，此类型商业空间十分常见，店铺可以围绕社区建设，是人们日常的生活场所。其中社区购物中心就是典型的小型复合商业空间，建筑面积在 50000 m^2 左右，商圈服务半径在 5~10 公里之间，内含 20~40 个租赁位，经营业态包括综合自选商店、专卖店、餐饮中心及服务类店铺，停车位 300~500 之间，满足社区内人口密度。

第四节　从服务范围的角度划分

根据商业空间所能覆盖的商圈服务面积，可以将商业空间分为近邻型、社区型、区域型、城市型、超级型这五个商业空间类型（表 2–4）。

表 2–4　根据城市购物环境和地理位置分类

分类	所在区位	规模	区域人流量	特点	核心消费商圈
城市中心型	城市交通拥挤，人口核心区，历史形成的商业聚集区	30 万 m^2 以上	日人流量 50 万左右	其内部步行街、中庭多结合城市步行道，成为城市步行系统的一部分。外部空间也常结合城市中心广场或综合性广场	商圈大，以 30 分钟的汽车车程的范围为主，涵盖城市功能，服务人口范围大
地区型	居民聚居区、商务聚集地、公共交通集散地周边	10 万 m^2 以上	日人流量 25 万以上	建筑多以多层或小高层为主，一般注重内部空间，外部空间较欠缺	商圈较大，以 30 分钟汽车车程的范围为主，吸引的流动人口也较多
社区型	居民聚居区及附近区域	1 万 m^2 左右	日人流量 2 万以上	一边通过低矮的建筑组合成错落有致的建筑群体形态，和周边的住宅形态形成对比。有完整的社区交通系统支撑	商圈以 15 分钟的步行范围为主。吸引流动人口较少，服务对象主要为社区居民
城郊型	城市规划的新城中心商业区	12 万 m^2 以上	日人流量 2 万以上	建筑层数不高，一般不超过三层，呈平面铺开，其最大的优点就是缓解城市中心用地紧张的矛盾，降低成本	在发达国家，商圈范围较大，需车行交通发达，在我国则客源有限

一、近邻型商业空间

近邻型商业空间的主要服务范围是步行可达的周边生活人群，可以是位于居住区的小卖店，也可以是位于综合写字楼内的便利店。

二、社区型商业空间

社区型商业空间的主要服务范围是社区内的生活人群，是以便民、利民为目的的属地型商业。具有经常性、便利性，但价格不一定低廉的消费特点。社区型商业最早出现于 20 世纪 50 年代的美国，随着家庭汽车的快速普及，城郊公路的不断建设，城市居民不断将居住地向外扩张，因而产生了专为郊区住户服务的社区型商业。

在我国，随着房地产业的不断发展，社区型商业由早年以沿街商铺为载体，缺乏统一规划的商业形态逐步向综合建筑、景观等为一体的商业场所过渡。

图 2–18　贵州毕节市七星关区招商花园

三、区域型商业空间

区域型商业空间的主要服务范围是城市中某个区域内工作生活的人群。随着城市中心区域商业的逐步饱和，区域型商业受到零售商的关注，它也是一个城市区域内房地产开发用地项目的重要配套组成。图 2–18 为贵州毕节市七星关区招商花园。

四、城市型商业空间及超级型商业空间

城市型商业空间的主要服务范围扩大至城市大部分区域的消费者，而超级型商业空间的服务范围最大，消费人群覆盖至城市及周边城市区域。

商业形态多以城市综合体的形式出现，包括以酒店及写字楼为主的城市 CBD 商务综合体；以购物中心为主导的商业综合体；由郊区及新城组成的、居住率大于 30% 的生活综合体，以及一个以上单一综合体组成的综合复合体或商圈。

实训题：调研所在城市的商业街，总结其类型及其空间组织形式，归纳其设计特点。

思考题：1. 商业街流线布局大致有哪几种模式？

2. 根据商业空间所能覆盖的商圈服务面积，可以将商业空间分为几种类型？

3. 按建设规模划分，生活中的商业空间属于哪一种类型？

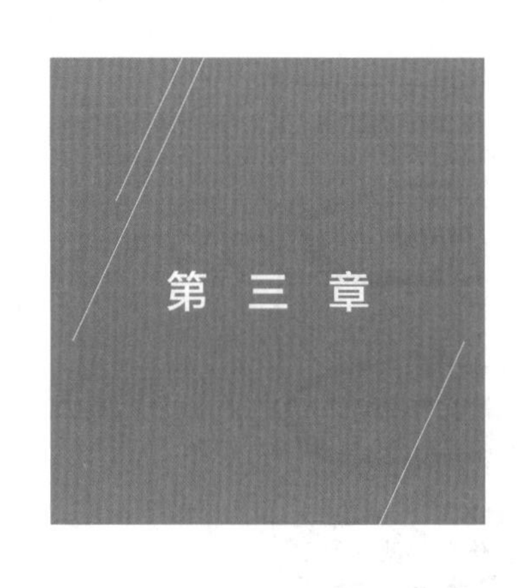

商业空间设计原则

学习目标： 掌握商业空间设计原则，深度理解可持续性设计含义。

学习重点： 商业街类型及其布局形式与尺度。

学习难点： 在理解符号化设计概念的基础上运用设计手法。

第一节 可持续性

一、持续发展相关概念

（一）可持续发展定义

广义的定义是指既满足当代人的需求，又不对后代人满足其需求的能力构成危害的发展。这是一个密不可分的系统，既要达到发展经济的目的，又要保护好人类赖以生存的大气、淡水、海洋、土地和森林等自然资源和环境，实现永续发展，使子孙后代能够安居乐业（图 3–1）。

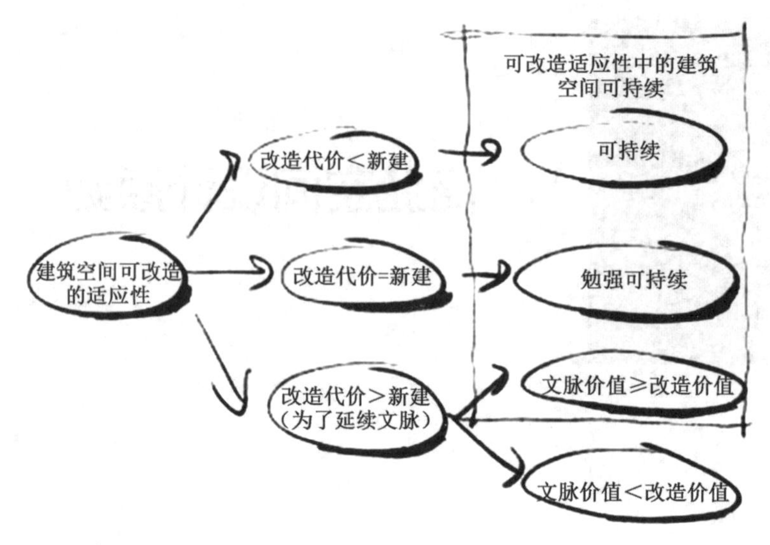

图 3-1　建筑空间可改造的功能适应性内涵

（二）商业空间可持续发展价值观

1. 需求与限制

需求与限制是以发展为前提，满足人们日益增长的需求必要性。大型商业建筑综合体的多功能混合开发就是为人们的需求和城市的发展提供多样性使用服务。建筑存在于城市之中，大型商业建筑综合体的建设对城市空间环境和形态影响尤为突出，城市发展定位与阶段本身就对大型商业建筑综合体的建设与发展有限制和要求，要求发展模式由原来的“粗放式”转变为“集约化”发展。

2. 平衡与协调

平衡与协调是实现人类自然生态复合系统的协调、有序、平衡发展。在可持续发展过程中存在着两种范式，代表着不同立场的发展导向，即强可持续发展和弱可持续发展，两者都具有各自的理论依据、观点和信念。强可持续发展注重保持代际间总资本存量；弱可持续发展要求当代人转移给后代人的资本总量不少于现有的存量，注重自然资本和人造资本构成的总资本存量，而不是自然资本本身。“协调”即是通过将强可持续发展和弱可持续发展视作一个动态的过程，这个过程通过互补得以实现。

（三）紧凑城市与 TOD 理论

20 世纪 90 年代经济合作与发展组织（OECD）出版了《1990 年代的城市环境对策》，提出“紧凑城市”概念，旨在对城市永续发展与土地资源合理利用进行综合思考，试图解决城市环境恶化问题。这一理论成为当今城市主要发展方向之一。紧凑城市理论概念虽然越来越广泛地被认同，但也一直存有争议。一方面，有人认为借助三维空间的概念处理城市空间，使城市空间向两极分层发展，能在确保居住质量的同时使地面环境获得改善；另一方面，有人认为高密度的开发强度使得居住质量降低。

“紧凑”不是单纯倡导城市空间以高强度与高密度的方式发展，而是更注重功能紧凑，并以此改变城市发展和人们生活模式。以多核心、网络式的组织模式整合生产、生活功能，逐渐形成完整的生活圈，提供高效率交通方式，恢复地面良性生态环境。TOD（transit oriented development）理论即是支持紧凑城市的重要理论之一，认为城市应该要支持在轨道站点周边能提供发展的区域，在其中形成各种公共和私人活动，重构以步行者为主的城市空间结构，充分利用历史、自然和文化资源，创造和进一步促进可持续发展的城市空间和地域经济。

（四）混合使用开发

混合使用开发指“通过有目的地对空间和物质进行改造，从而实现兼容性土地和空间用途的混合状态的过程，是以功能混合为目标的建筑、土地的综合开发”。美国城市土地协会（ULI）将混合使用开发归纳为三点特征：“第一，具有三种或三种以上重要的、能创造税收的使用功能，如零售、娱乐、办公、居住、旅馆、会展中心、博物馆，以及市民休闲活动等，功能匹配得当，相辅相成。第二，混合使用开发项目具有相对高密度、高强度的土地利用规划，项目各组成部分在形态和功能上保持完整性，包括无干扰人行通道连接区域。第三，混合使用开发项目在整体规划下进行开发，总体规划规定土地使用的类型及规模、允许的用途及其他相关事项，开发应与总体规划保持一致。”总体规划要与城市整体脉络协调，与周边环境呼应，有机融入城市。

混合使用开发是一种常见手段与策略，打破过去土地使用性质单一、条块分割、自成体系的固定模式，形成适度功能协同作用，各功能系统求同存异，各分区结构趋于混合，但又各具主导职能，以有效缓解城市空间和交通压力，激发城市活力。“混合使用”思想是大型商业建筑综合体这一高度复合化建筑类型可持续发展模式的核心本源。

（五）集约化

集约化（intensity）表示将事物聚集的过程。19 世纪李嘉图（David Ricardo）在对农业用地研究中将其定义为：“在一定面积土地上，集中投入较多的生产资料和劳动力、使用先进技术和管理方法，以求在较小面积土地上获取高额收入的一种农业经营方式。”这体现了经济学意义上涉及经济效益和土地利用率的“集约”。对于城市而言，集约化指在城市发展过程中，充分发挥城市聚集作用，尽可能地以少量资源创造出较大社会资源、财富与综合效益。在近代城市理论中，“空间集约化”是反思因城市现代化不断出现矛盾后以解决城市空间发展问题而得到的结论。“集约”不等同于“集中”，集中式发展是指城市空间按照水平延伸的粗放式模式发展，在为城市带来优势的同时，带来了诸多问题：粗放式发展在同一城市空间满足人类各项需求的同时，无法提供更多的土地资源满足日益增长的城市需求；水平延伸式发展使得城市各功能流线过长，各项动线联系单一薄弱，交通压力增加，破坏原有的城市平衡。集约化发展优化了城市空间结构的空间形态、功能定位、资源分配，解决了不合理布局和资源配置所带来的问题，使城市和建筑有机会形成可持续发展。

（六）强可持续性与弱可持续性

1987 年《我们共同的未来》报告中提出“可持续发展”观点，为可持续发展给出了最原始、最本质、最权威、国际社会最广泛接受的定义：“既满足当代人的需要，又不对后代人满足其需要的能力构成危害的发展。”

关于可持续发展定义，学界当前有多种不同观点。社会学家认为可持续发展的重点应在于改善人类的生活质量，创造一个平等、自由、环境美好的生活环境，这种观点侧重于社会属性定义；科技工作者从技术选择角度出发，认为“可持续发展就是转向更清洁、更有效的技术，尽可能接近‘零排放’或‘密闭式’工艺方法，减少能源和其他自然资源的消耗”。这种观点侧重于从科技属性定义；经济学家认为可持续发展的重点应在于维持和改善人们的福利水平，侧重于从经济属性定义；生态学家认为应将可持续发展与自然生态系统的保护联系起来，这种观点侧重从自然属性定义可持续发展。1981 年第 15 届联合国环境署理事会提出《关于可持续发展的声明》。1987 年，世界环境与发展委员会指出，可持续发展是指既满足当代人需要，又不损害后代人满足其需要能力的发展。这种观点被国际社会普遍接受。基于对人造资本和自然资本之间替代关系的不同观点及由此派生出来的不同衡量标准，可持续发展可被进一步划分为强可持续发展和弱可持续发展两种范式，这两种范式是相对立的概念，决定着可持续发展的不同衡量标准，进而决定着所采取的可持续发展策略。

弱可持续发展理论由诺贝尔经济学奖获得者罗伯特·索洛和资源经济学家约翰·哈特威克的论著奠定其理论基础，建立在新古典经济学的思想基础上，是资源最优化的分析范式。持有资源乐观主义态度，认为自然资本可以被人造资本替代，只要保持留给后代的资本总量不变或是利用自然资本创造出足够多的人造资本并能弥补自然资本损失。这意味着我们可以不关心转移给后代的资本总存量的具体形式和结构。

强可持续发展理论源于 1997 年欧洲委员会启动的研究项目——“关键自然资本与强可持续性标准（CRITINC）”，认为人造资本和自然资本是互补的关系，二者之间的替代具有一定局限性，当自然资本消耗殆尽时，不可能再有可持续发展。自然资本基本上是不能与其他形式的资本相互替代的，自然资本内部的各种形式间也不能完全相互替代，要实现可持续发展，自然资本的存量须保持在一定的极限水平之上。如图 3-2 所示。

对于大型商业建筑综合体领域而言，这两种范式的选用需要综合考虑社会、自然、经济、科学技术等各方面的发展状况与阶段。在建设初期，强调经济高速发展的阶段，弱可持续发展具有主导作用。在社会经济发展到一定阶段，经济的可持续发展与生态环境恶化的矛盾已突显，强调弱可持续发展已不符合未来发展需求。此时，以实现强可持续发展为指导原则和目标符合大型商业建筑综合体未来发展趋势。

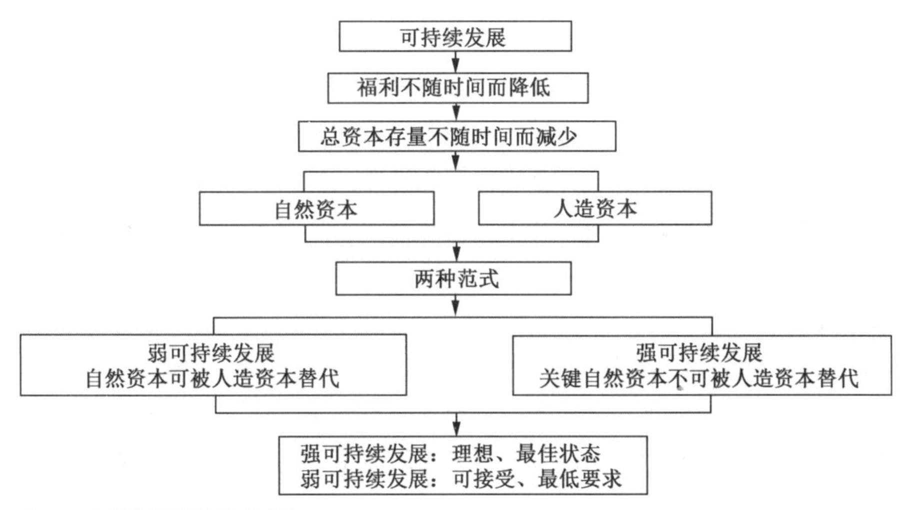

图 3-2　可持续发展的两种范式图

二、大型商业空间可持续性设计原则

参照可持续建筑设计的六大原则（表 3-1），大型商业空间可持续性设计原则可被归纳为整体协调、灵活适应、集约适宜和开放原则。

表 3-1　可持续建筑设计的六大原则

序号	针对层面	内容简述
1	文脉的延续和地点性设计	重视对设计地段区域性特色理解，延续地方场所的文化脉络
2	适宜技术	增强适用技术的公众意识，结合建筑功能要求，采用简单合适的技术
3	建筑材料的循环使用、使用可再生材料	树立建筑材料蕴含能量和循环使用的意识，在最大范围内使用可再生的地方性建筑材料，避免使用高蕴能量、破坏环境、产生废物及带有放射性的建筑材料，争取重新利用旧的建筑材料、构件
4	被动式节能	针对当地的气候条件，采取被动式能源策略，尽量应用可再生能源
5	功能灵活使用	完善建筑空间使用的灵活性，以便减少建筑体量，将建设所需的资源减至最少
6	对环境友好	减少建造过程中对环境的损坏，避免破坏环境、资源浪费及建材浪费

（一）整体协调

结构主义代表人物皮亚杰认为："整体性对它的部分在逻辑上有优先的重要性，因为整体性的结构规定着各个成分的联系及其性质和意义；而孤立的各个部分本身是没有意义的。"整体观思维强调，运用整体辩证观点，引入全生命周期理念，避免割裂与孤立地看待形式，强调建筑与城市的互动关系，强化节约与经济的统一关系。在与城市整体协调上，大型商业建筑综合体一经出现，即以其巨大体量、复合化功能的优越性赢得了各方青睐，发展极为迅速，成为城市可持续发展的组成部分。同时，外部环境的塑造为实现建筑可持续发展提供了坚实基础。系统整体结构指导局部功能的机制，要求在设计中应放眼全局、统筹兼顾、多元并举、扬长避短，致力于完善优化系统结构，寻求整体上的突破。

（二）灵活适应

随着生活和经济发展阶段不同，大型商业建筑综合体的经营和使用需求具有动态和调整性。这一特点要求建筑从最初的决策规划阶段开始就强调灵活适应性原则，来实现建筑功能的供需动态平衡。“灵活”是解决动态需求问题的方式，“适应”是通过可操作建造手段实现供需平衡的目标。

（三）集约适宜

集约是大型商业建筑综合体发展的核心属性，是最基本的条件制约。以全生命周期理念为指导，有效控制大型商业建筑综合体的建设投入与运营能耗，既不一味追逐高标准、高规格，也不一味压低建设成本，以集约适宜衡量建筑性能并确保项目成功，是项目初始阶段构成可持续设计策略的重要任务。

（四）开放原则

在建立多维、多层次的设计策略体系时，考虑框架、层次结构的相对独立性和开放性，便于在不影响整体设计策略体系时，随需求变化进行指标增减和修改。指标的选取和影响因子权重应根据具体情况进行灵活调整修正。

第二节　以人为本

从 20 世纪八九十年代开始，“人性化设计”一词就开始为人们所熟悉，并逐渐成为设计界引人注目的亮点，从而形成一股设计的新潮流。这一潮流到现在已经成了设计的一种必然的趋势，在目前迅猛发展的建筑设计界更是如此。人性化的要求也是伴随着生产力的发展而随之出现的。“物质决定意识”，先有物质要求，其次才是精神层面的要求。当社会经济条件还不够发达的情况下，建筑空间必须要满足人们最基本的需求，即安全、经济、实用。当经济有了较大发展的时候，人们便会对建筑空间的其他属性有进一步的要求，包含更多精神与心理方面的要求。对于商业综合体空间来说，早期的商业空间就是为了满足人们物品交换的使用功能，因此空间较为单一简单。而随着社会经济的发展，如今的商业综合体已经是集商业、办公、娱乐、餐饮等多种商业活动于一体的公共空间，人们对于商业空间的要求已不只是单纯的消费购物活动，而包含了更多其他方面的内容。如今的商业综合体空间设计不仅要满足人们的生理需求，更重要的是要满足人们的心理精神需求。为了更好地满足人的需要，人性化设计的理念便随之产生。

人性化设计，从字面上来看应该是人的设计，设计者是人，设计的对象也是为了满足人们物质和精神的双重需求，因此人是设计的中心和尺度。而这种设计的尺度包括两方面，即人的生理尺度和心理尺度，两种尺度都需要通过人性化设计来实现。因此，人性化设计的出现，是设计的本质要求使然。在设计中，如果离开了对人的心理需求的反映和满足，这个设计便没有做到人性化，偏离了设计的初衷。因此，能更好地满足人们的物质及精神双重需求，做到人性化的设计，成了判断设计优劣的基本原则。

一、无障碍

商业空间的基本结构是人、物、空间三者之间的相互关系。人与空间的关系是空间提供了人的活动所需，其中包括物质的获得、精神的感受与信息的交流。人与物的关系体现了交流的功能，物质提供了使用功能，并传达相关的信息。空间与物的关系体现在空间为物提供了放置的场所，同时集合的物也构成了新的空间。

所有关系中，人是活动的，并具有相对的主动性；空间和物是相对固定的或被动的。人的行为模式就是将人在环境中的行为特性通过总结和概括将其规律模式化，人的行为模式化的依据是环境行为基本模式。各种环境因素和信息作用于环境中的人群。人们则根据自身的需要和行为目标，适应或选择相关的环境刺激，经过信息的处理和反应，产生适当的行为，这种行为的规律即是我们要研究的人在空间环境中的行为模式。例如，通过观察分析特定数量的人群在某商店的购物行为，如实地记录顾客的分布情况和行动轨迹，并在此基础上对数据进行综合分析，就可以看出商店的出入口位置、柜台布置、商品陈列、灯光照明、顾客活动空间等内容是否合理。而我们在观察过程中，可以发现顾客的不同的行为内容或行为目的会对行为模式的结果产生不同的影响。所以在考虑空间设计时，必须兼顾到不同人群的不同行为模式，采用不同的空间设计效果来满足不同的需要。

无障碍设计是针对残疾人、老年人等弱势群体的特殊需要，对城市道路、公共建筑、居住建筑的建设提出的系统设计原则。随着社会的不断进步，残疾人的康复事业不断发展，社会的关注与关爱越来越多。而城市道路和建筑物的无障碍设计，正是使残疾人尽可能适应正常生活、参与社会活动的重要途径。

在商业空间的设计中，涉及无障碍设计的包括这些部位：商业空间入口坡道及楼层之间的高低差位置。这些地方应设置无障碍电梯或供残疾人使用的专用通道（图3-3）。

随着人们消费观念的变化，商业建筑中出现了越来越多的餐饮、娱乐内容，整层的餐饮门店、多厅电影院等的布置相当普遍，这些设施中的无障碍设计要求有其特殊性，应按照餐饮、娱乐部分的实际情况考虑无障碍设计（图 3-4）。

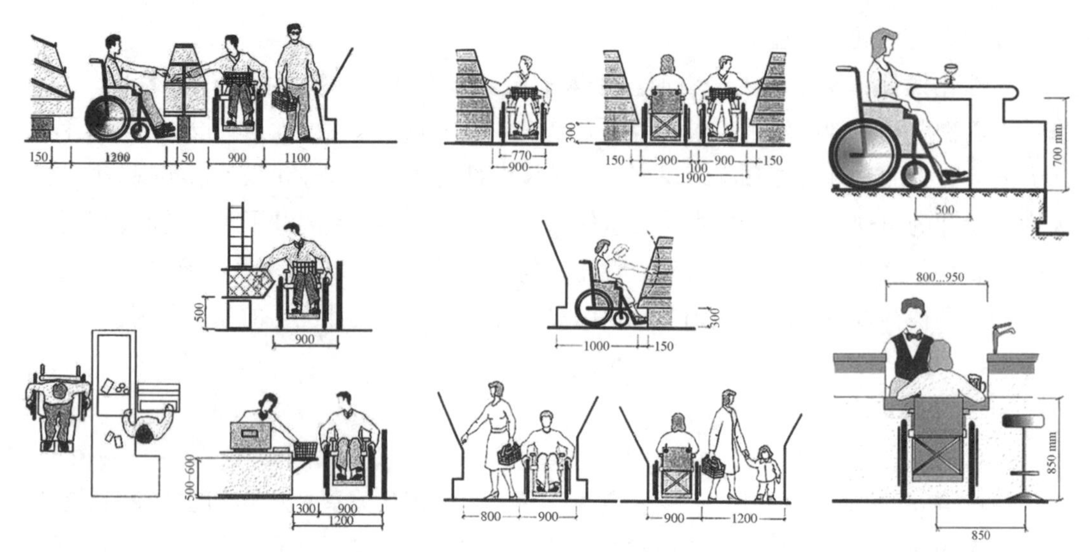

图 3–3　自选商订轮椅自取及同行活动尺寸

图 3–4 吧台轮椅使用尺寸

（一）坡道、楼梯、台阶和电梯

考虑到残疾人士的需要，商业空间室内尽量避免高差，有高差处在设置阶梯的同时，应设置供轮椅通行的坡道和残疾人通行的指示标志，供轮椅使用的坡道的宽度视环境而定。拄拐杖者及视力残疾者使用的楼梯不宜采用弧形楼梯。在出入口，电梯的起止点和电梯门前，应铺设有触感提示的地面块材。如图 3–5 至图 3–8 所示。

（二）通道

对于商业空间中的走道，当走道一侧或尽端与地坪有高差时，应采用栏杆、栏板等安全措施。走道四周和上空避免可能伤害消费者的悬突物。室内道路及坡道的地面应平整，地面应选用不滑及不易松动的表面材料。如图 3–9 至图 3–11 所示。

图 3–5　台阶前段节点处理

图 3–6　台阶坡道处理

图 3-7　无障碍电梯设置

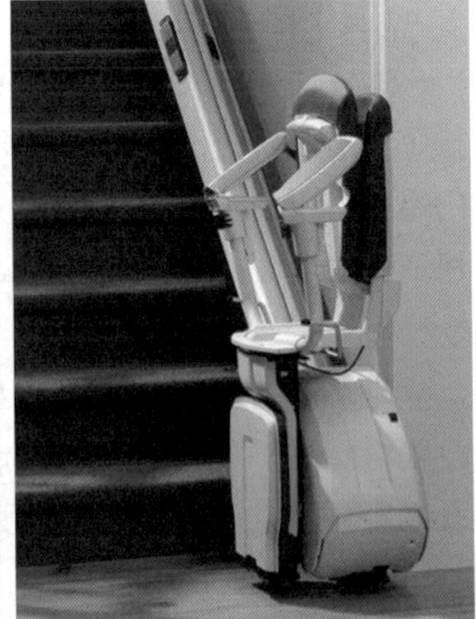

图 3-8　楼梯椅

图 3-9　通道盲道节点处理

图 3-10　入口坡道处理

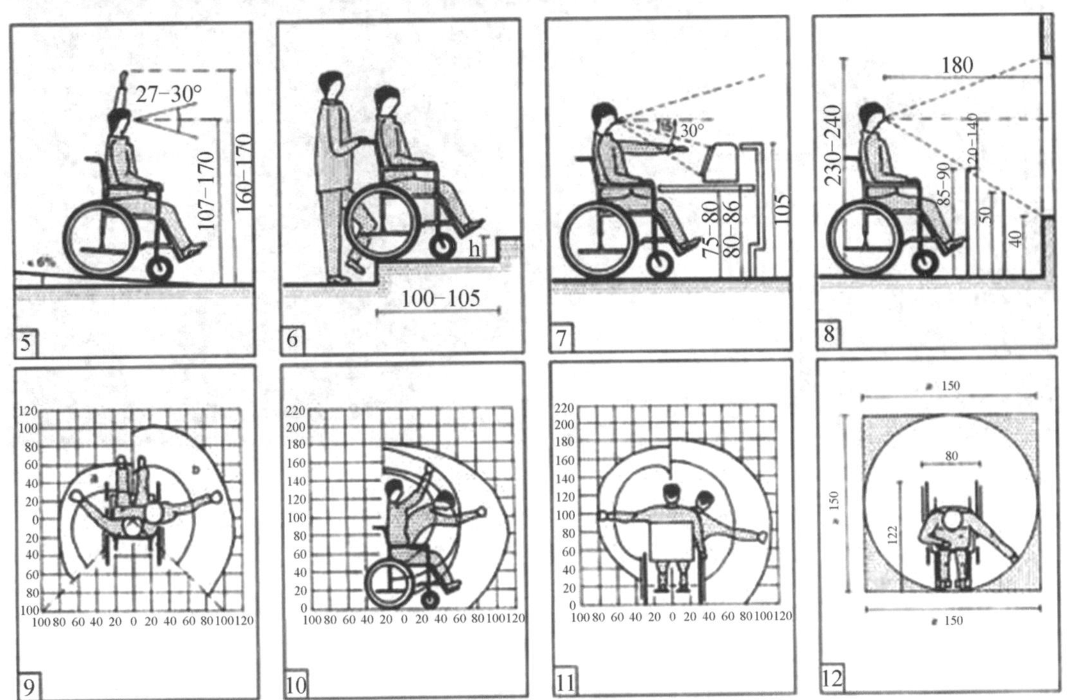

图 3-11　轮椅使用者活动尺度分析

（三）出入口

为方便残疾人，至少要有一个出入口平进平出，不设台阶和门槛，或者设置坡道及扶手。出入口应设在通行方便的安全地段。公共场所最好使用自动门，供残疾人通行的门不得采用旋转门和弹簧门。不能设自动门时，采用平开门时也应做到开得快、关得慢，保证行动迟缓的老年人和残疾人安全进出。

（四）卫生设施

应设置供残疾人使用的卫生设施，便于乘轮椅者进出，座式马桶、洗脸盆等设施的设置均要便于乘轮椅者靠近和使用。同时，要充分考虑母婴需求及老人的行动便捷性，设置安全便捷的扶手及婴儿座椅等（图 3–12 至图 3–15）。

（五）标志

在安全出口、通道、专用空间位置处应设置国际通用标志牌以指示方向。标志牌是尺寸为 0.10 m 至 0.45 m 的正方形，其上有白色轮椅图案黑色衬底或相反，轮椅面向右侧。所示方向为左行时，轮椅面向左侧。

图 3–12　卫生间分类导视

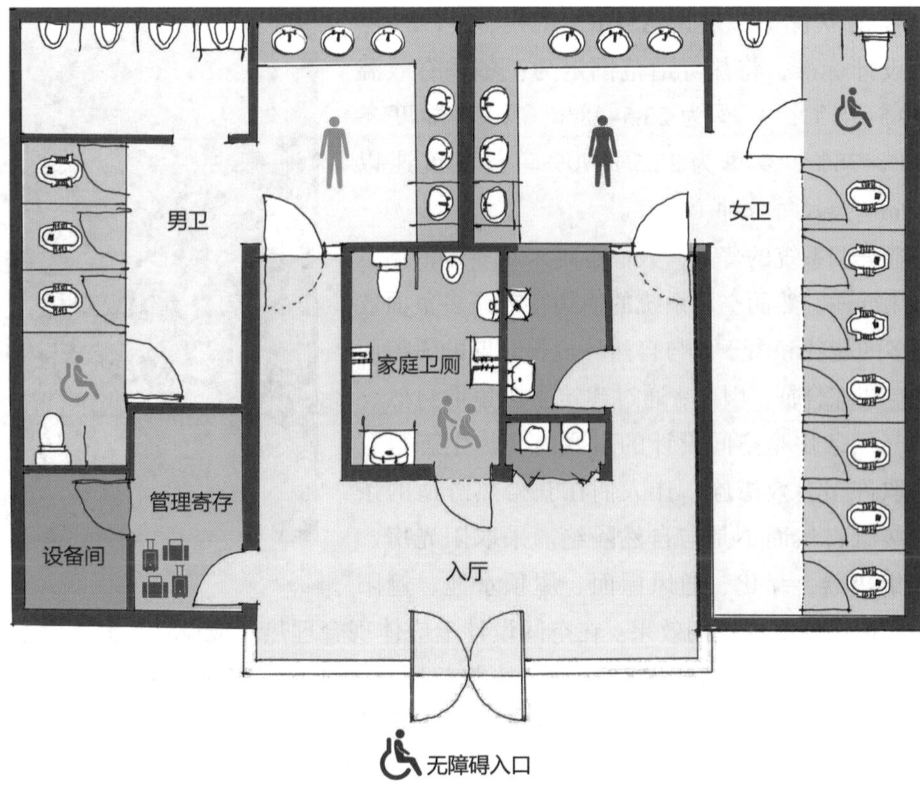

图 3-13 无障碍卫生间平面布局

图 3-14 卫生间扶手设计

图 3-15 卫生间婴儿座椅设计

二、舒适性

（一）热环境

热环境指空气环境，包括温度、湿度、空气流动速度、换气次数、空气净化程度

图 3–16　商场中庭通风口处理

和大气压的状况等。美国 ASHRAE 协会在 1981 年制定的设计标准，将热舒适范围定为：冬季有效温度为 19.5~25 ℃，夏季为 23.5~28 ℃。相对湿度冬季为 28%~78%，夏季为 22.5%~70%。空气流速以 50~10 Pm（英尺每分钟）为宜。

随着空调系统的普及，人们也越来越多地依赖空调获得热舒适。然而空调系统的使用存在许多负面效果：过多的能耗和由于人与自然环境长时期的隔绝而产生的空调综合征。因此，通过建筑手段争取自然、舒适的气候条件是空间设计的重要内容。生态建筑通过采取许多有效措施，让人们在获得热舒适的条件下去接触自然而不是与自然隔绝。采取阳光房、太阳能集热器、绿化、通风屋面、屋顶水池、遮阳构件等多种设施实现预期效果。在空间设计上应体现合理热环境设计，根据专家建议，室内外温差以不超过 5℃为宜。因此，可将门厅、楼梯间等室内外交通过渡空间的采暖当量下调（图 3–16、图 3–17），或根据情况取消采暖。

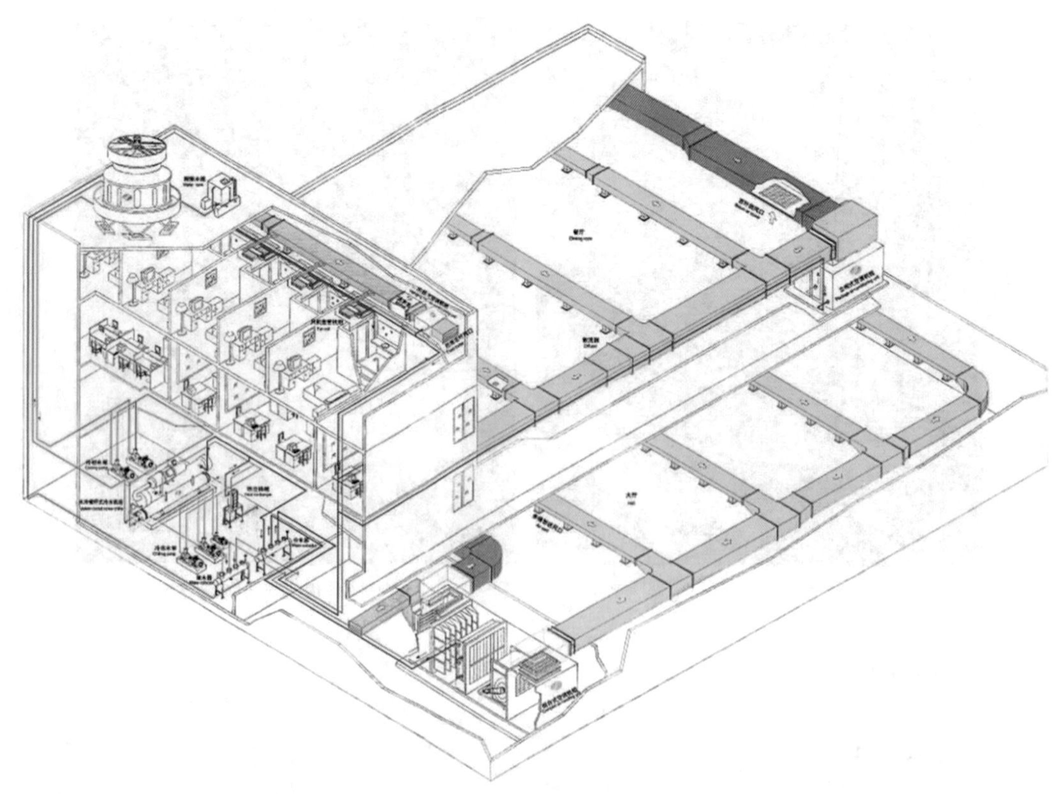
图 3–17　离心式及螺杆式冷水机组中央空调

合适的温度、湿度与气流，新鲜的空气，是人们在商业建筑空间中产生生理舒适感的基本因素。

（二）声环境

商业空间的听觉环境通常容易被设计者忽视，但是它对人们的空间感受和行为影响相当大。商店的高喇叭反复播放吵闹音乐和广告也使人不快。这些声音都可能让顾客改变计划离开打算光顾的商店，甚至离开商业中心。而使人喜悦和放松的声音则包括柔和的音乐声、欢快的谈笑声和鸟鸣声、流水声（图 3–18）、风吹树叶的沙沙声等，这些声音会让行人驻足留步，产生倾听、观察和参与的愿望。由此可见，人们对某种声音的好恶由其音量、音质和内容决定，音量适中、音质柔和、能传达出丰富的信息和自然情趣的声音比较容易让人接受。

（三）光环境

光环境是由光（照度和布置）与色（指光的色调、饱和度及显色性）在内部空间中建立的与空间形状有关的生理和心理环境。

1. 光的空间表现性

就人的视觉来说，没有光就没有一切。空间通过光得以体现，没有光，空间感就难以体现。照明不仅对人的“兴奋度”“疲劳”“生物钟”等生理状态产生影响，而且对心理效率产生影响。哈拉尔曼·霍夫曼指出，照明设计应该成为设计的一部分，要考虑到人在建筑中的活动、需求及心理特点和视觉环境，并使之有助于人们对建筑环境的理

图 3–18　西安赛格购物中心室内瀑布

解。在商业综合体内部空间中，光不仅能满足人们视觉功能的需要，而且是一个影响人心理感受的重要因素。光可以形成空间、改变空间，甚至“创造”空间，它直接影响到物体、空间的大小、形状、质地和色彩的感知。

（1）光对空间的功能表现性

光的功能是多元化的，在保证了足够照明的同时光可以揭示、完善并调整空间，甚至改变限定划分空间，夸张或减小体量感，强调或改变色彩的色相、明度及纯度等。最主要的是，设计者可通过种种的手段创造某种环境气氛，制造某种情调，实现特定的构思，完成有意境的空间环境设计，满足人的心理需求，如某些商业广场室内步行街，通过顶部的玻璃采光窗把自然光引入室内，使人们产生介于室内外之间的空间感受。

（2）光的空间引导性

A. 光的方向性引导。在特定的空间中，光以特定方向投射，使空间获得光影的效果，称为光的方向性。光的方向性能够增强空间的可见度，使物体获得光影等效果。

B. 流动光的引导。由于人工光源的不断开发，为了强调所需空间，采用动态的光效应可以发挥光的流动表现力，从而达到吸引消费者的目的，还可以活跃空间气氛。

C. 光的对比引导。光的对比引导是商业空间中常用的方法，极具表现力，包括亮度对比、光影对比，光色对比等。亮度对比可产生明亮和平淡的效果。光影对比则通过立体感的强弱来引导消费者。光的色彩对比则常用来限定和划分空间，区分不同的商业单元空间，通过不同的颜色来划分不同的功能空间（图 3–19、图 3–20）。

2. 自然光和人工照明

商业综合体的采光分为自然采光和人工采光两种，无论从人们的心理习惯还是从节约能源的角度都应该在设计中首先选择自然采光的方式，但也不能忽视人工采光的设计与运用。尤其是在晚间，如果缺乏灯光等设施的照明，商业综合体的内部空间环境就会黯然失色，实体、场景和空间都会变得杂乱不清，环境气氛也会变得冷落萧条。

图 3–19　沈阳市府恒隆广场灯光设计

图 3–20　沈阳 K11 中庭

（1）自然光

作为一种自然现象，日月的光芒是极生动且具有戏剧性的。强烈的光和影的关系给人带来了愉悦的视觉因素，而柔和的自然光则给人以恬静悠闲的感觉。因此，尽可能地、最大限度地利用自然光可满足人们从生理层次到心理层次对自然光的依赖。同时，自然光也是营造室内气氛、创造意境的“特殊材料”。因此，尽管当今的内部空间环境中人工照明占据越来越重要的地位，自然光仍是光环境设计中最具表现力的因素之一。正如英国建筑师诺尔曼·福斯特说:“自然光总是在不停变化着，这种光可以使建筑富有特征。同时，在空间和光影的相互作用下，我们可以创造出戏剧性。”安藤忠雄则认为，光和影能给静止的空间增加动感，给无机的墙面以色彩，能赋予材料更动人的内涵。路易·康说：“我们是光养育的。由于日光，才觉出四季变化……于我而言，自然是唯一的光，因为它提供了我们共识的基础，它使我们能接触到永恒。自然光是唯一能形成建筑艺术的光。”例如，日本东急自入口处，通过一个半开放的灰空间把自然光引入室内，形成了饶有趣味的入口空间光环境。

（2）人工照明

人工照明不像自然光有时间、有活力，但它同样给空间带来了生机。而且“人工”的特点是它可随人们的意志变化，通过色彩的强弱调节，创造静止或运转的多种空间环境气氛。商业心理学研究表明，百分之八十的消费是冲动性的。因此，为了激发顾客的好奇心、吸引人流，可在空间内部重点设计照明以形成消费环境的视觉中心。天花板上的漫反射光和墙壁的特殊照明，均能造成扩大室内空间的感觉，给人以通透、愉悦的消费气氛。另外，自然光和人工照明的共同作用，也会获得很好的商业氛围（图 3–21），如西安开元商场运动专卖区，通过中庭自然光与人工照明相结合的方式，创造出视觉效果丰富的光环境。综上所述，商业综合体内空间的照明设计对提高商品品质的印象、创造良好的消费环境、形成吸引顾客的商业气氛等都将起很大的作用。要使商品显示其本身的色彩面貌，当然以自然光为最好，但实际上很

图 3–21　自然光及人工综合设计运用

少有营业厅完全靠自然采光。这是因为一般商业室内空间很难有充足的自然光，而且商业照明很讲究“适度”，并且很多商品在阳光的照射下会变质和褪色。因此只能借助人工照明。在商业空间环境照明设计中，照明也是划分空间层次的重要手段。设计过程除了要考虑单纯的买卖行为需要之外，还对照明提出了更深层次的要求：一是要考虑不同服务对象的需求特点。二是消费环境的舒适性、方便性和安全感。三是赋予环境以文化性，以增加顾客的消费欲望和乐趣。我们还应注意色温与室内气氛的创造：光源色温应与商业中心内部装修的色彩质感相配合，根据商品的特点与设计意图创造各种环境气氛，色温高的暖光能产生暖和、柔美、安定的气氛；而色温低的冷光能形成凉爽的、健壮的、清澈的、活泼气氛（图 3–22 至图 3–24）。

图 3–22　氛围光设计运用

图 3–23　环境文化性灯光设计运用

图 3–24　天窗设计效果

（四）人口密度

在商业空间中，消费者一般希望人的密度适中。密度过高时，人们一般会觉得嘈杂、拥挤混乱；但密度过低时，又会显得人气不足、空旷等。在建筑设计中，还应通过各种设置，调节人的密度感觉。广州荔湾广场的中庭，吸引人的、能够使人留恋的设置过少，使得广场显得空空荡荡，商业气氛十分不好。

（五）休息场地与设施

当人们在商业空间中逛累了或等人的时候，需要休息的场地与设施。在商业空间中，除了椅子、凳子外，花台边缘、水池边缘、低矮护栏、部分扶手等都可以作为人们休息的设施（图 3–25、图 3–26）。

图 3–25　阜新塞纳明珠广场休息区

图 3-26　上海白玉兰广场公共休息区效果

（六）空间美感

空间美感是指建筑造型、空间、色彩、质感、光线、招牌等可能使人产生的美感、舒适感的特征。良好的商业空间应使多数人都能产生美感（图 3-27）。

图 3-27　上海白玉兰广场公共区效果

（七）心理行为与空间

空间与行为的关系是相互作用的，而人类的行为与心理活动是分不开的，因此建筑空间和人类的心理需求有密切的关系。

1. 领域性与空间

人的领域性受社会环境和文化的影响。当个人或群体为满足某种需要时，总是要在自身与外界之间划出一片属于自己的领域，力求其行动不被外界干扰和妨碍。如果有外界因素闯入这个领域，人们总会感到不安。只有与外界保持一定的距离，人才能有安全感。建筑空间的领域性表现为不同所属的建筑的领地范围。

2. 安全感与空间

人在一定的领域空间会产生安全感。通常随着领域性的削弱，安全感也会同时减少。从人的心理去考虑人对建筑空间的感受，空间并非越大就越好。如果空间过于空旷，会使人产生无依靠感。在大空间的范围内，人们更愿意依附一些物体，从而形成自己的领域范围。

3. 私密性与空间

私密性相对于领域性来说，是人们对于空间领域与外界隔断的更高层次的要求。空间领域的私密性表现在日常生活中甚至是一些公共场所中。私密性有很多种，包括个人的与群体的私密性。

4. 交往性与空间

人际交往的空间距离不是固定不变的，它具有一定的伸缩性。人们对自我空间的需要会随具体情境的变化而变化。例如，在拥挤的公共汽车上，人们考虑自我空间的范围较小。若在较为空旷的公共场合，人们的空间距离就会扩大（图 3–28），如公园休息亭和较空的餐馆，别人毫无理由挨着自己坐下，就会感觉不自然。

图 3–28　上海白玉兰广场咖啡饮品区效果

5. 求异心理与空间

人们对于平常司空见惯的物体或空间并不会有太大的兴趣，而如果某些事物不同于正常的事物，有自己鲜明的特点，则会引起人们的兴趣。这种现象就是人们对于事物的求异心理。在建筑空间设计中，一些特殊的建筑如商业建筑、娱乐建筑、观演性建筑等，就针对人们这种心理，力求在建筑外观的造型、建筑内部空间特色及建筑装饰等方面有所创新，表现出与其他建筑不同的特征，吸引人们前往。如毕尔巴鄂的古根海姆美术馆主要部分的形态弯扭复杂，具有强烈的吸引力，成为该城市的标志。

6. 精神感受与空间

某些特殊类型的建筑在满足使用功能的前提下，还要体现人们对精神层次的要求。比如教堂、纪念堂或某些大型公共建筑，要有宏伟、博大或神秘的气氛，这些都和人的精神感受有关。对建筑空间体量、尺度、比例、形状、围合、质感等特性以及空间组织序列的处理，可以营造不同类型的精神感受空间。

（八）文化行为与空间

人类社会具有文化传承的特点，因而建筑空间的规划设计还应考虑文化对于建筑空间所产生的巨大影响。很多建筑空间在满足功能的前提下，左右空间形式的更多是文化方面的要求。一般来讲，同一时代的建筑都会共同体现出一种同时代意识形态文化行为的共性特征。同理，处于同一民族或地区的建筑，也都会共同地体现出同民族或地域文化行为的共同特征。

西方建筑空间受宗教文化的影响，追求建筑在形体上对人精神的影响。为了表达这种理念，常修建体量高大坚固的教堂、宫殿，使外部空间成为衬托的背景，形成与环境截然孤立的空间范围。西方建筑空间文化关注的更多是建筑的空间因素，即追求建筑外部三维尺度的高大、形体体量的震撼性和建筑内部空间的立体性、雕塑性。受中国传统礼制及哲学文化的影响，中国建筑空间关注更多的是等级化的体现。在群体建筑空间的塑造上，追求的是院落空间序列的组合，以此来体现等级的不同。

中国古代建筑，从造型和体量上看，无论是帝王宫殿还是传统民居，由于标准化形制的存在，单体建筑内部空间均以“间”为单位，只是在开间数量、形制高低上有所区别。不同等级的建筑要通过不同的空间院落来表达。人必须在穿行游历整个群体空间的过程中，才能逐步体验其所要传达的精神感受。相对于西方建筑空间，中国传统建筑的空间感受不是直接可以把握的，需要在游历的时间历程中来体验。到了现代，随着各国文化的交流、融合，建筑设计及理论向多元化发展。建筑空间设计关注的主流不再仅仅局限于有形形体元素的艺术结构和空间定位，而是更多地趋向于对现代空间人文的、心理的多元化关怀，使建筑环境空间的创造更具有人性情感，更符合现代人对环境的审美需求，同时给人带来更多的精神愉悦和舒适感受。如图 3–29 至图 3–31 所示。

图 3–29　阜新塞纳明珠广场儿童活动区

图 3–30　阜新塞纳明珠广场走道空间

图 3-31 阜新塞纳明珠广场生活体验馆入口——中式风格

三、安全性

商业空间在设计上追求舒适性的前提是保证商业空间在使用上的安全性，具有安全感的商业环境，可以使消费者自由自在地从事各种活动而不用担心安全问题。商业建筑除了要达到国家有关规定的要求外，还要在环境心理上满足顾客的安全要求。首先，要考虑设备安装设计的安全性；其次，空间设计中要避免可能对顾客造成伤害的系列问题；再次，设计时应避免引起顾客心理恐惧和不安全的因素。

四、人性化设计手法

（一）购物空间

购物空间指的是消费者和营业者进行商品买卖的空间，是商业综合体中的核心空间，是商业综合体中所有消费活动的基础。进行购物空间设计的主要目的是最大限度地使消费者能够更方便地选购自己想要的物品，并与卖家进行交流，加强消费者与卖家的沟通。因此，我们这里主要是对购物空间中不同方式的营销空间进行分析。商场中简单的买卖过程体现出营销方式，它与整个社会的生产、经济及人们的收入水平和观念等紧密联系，影响着商业建筑的设计。营销方式通常分为封闭式和开敞式，在开敞式中又分为全开敞式和半开敞式。全开敞式和半开敞式较之于封闭式营销方式更重视商品的陈列展示，使得消费者能够更容易地对心仪的物品进行观察，促进了商品的销售。

1. 封闭式

封闭式购物空间封闭式购物空间通过柜台将顾客与营业员分开，商品通过营业员转交给顾客，营业员工作空间比较独立，便于对商品的管理，但不利于顾客挑选商品，是传统的售货方式。

2. 半开敞式

半开敞式购物空间（图3-32、图3-33）按商品的系列、种类，由柜架或隔断围合成带有出入口的独立小空间，以一个出入口的口袋式布局或一进一出两个出入口的通过式布局为常见，其开口处紧邻通道。一般沿营业厅周边布置形成连续的相对独立的单元空间。各单元应既有独特性又有统一性。在这样的小空间中，商品柜台与货架同时对顾客开放，但通常是顾客选中商品后，由营业员按种类、规格、型号提供顾客相应的商品。营业员工作空间与顾客使用空间穿插交融。

这样的布局方式拉近了商品与顾客之间的距离，便于顾客挑选商品。这种营销方式的摆放比较灵活，各种不同造型材质的柜架，配以文字标识，各具特色，具有较强的易识别性，使顾客能够很轻松地找到自己想要的商品。

3. 全开敞式

全开敞式购物空间（图3-34）将商品柜台与货架合二为一，顾客可随意挑选商品，营业员工作空间基本让位于顾客使用空间，最大限度地增加顾客与商品接触的机会；符合顾客心理，便于顾客挑选商品，节省了购物时间。顾客常会因为遇到好的商品，感官意识受到触动而立即购物。但全开敞式不便于商品的管理且不易分隔，会有变化少、缺乏情趣

图3-32　购物空间展陈形式——半开敞式1

图3-33　购物空间展陈形式——半开敞式2

图3-34　购物空间展陈形式——全开敞式

的不足之处。

根据购物空间中的具体情况，可采用多种营销方式相结合的布局方式。如大厅式与小空间式的营销方式相结合，避免了购物空间中不同性质的商品堆积于一个大空间中互相影响的缺点，突出了小空间的特色，也保留了大空间的优点。开敞、半开敞式的购物空间使顾客与商品直接接触，减少了中间环节，而且商品陈设方式丰富，有利于商品销售。

另外，在购物空间的设计中，不仅应该考虑到营销空间的营造，还应该考虑到消费者在购物时的休憩或交流空间。因为消费者在长时间观察众多商品后，往往会感到疲惫，这时，如果在购物空间内部就设有相应的休憩设施，消费者就会感到空间的人性化并愿意停留其中。目前有一种创新的设计理念是把购物空间中的购物、休憩和交流功能融合为一体。购物空间中不仅仅有柜台货架，更多的是随处布置的沙发、座椅、工艺品及消费者体验空间，通过这些空间元素的合理结合布置，形成一个有趣味的室内空间流线布局，更能够激发消费者的购物欲，满足消费者在购物时的心理感受。

（二）交通空间

商业空间内的交通与流线组织紧密相关，室内空间的序列组织应清晰又有秩序感，交通空间应连续顺畅，流线组织应明晰直达，并使顾客顺畅地浏览选购商品，迅速安全地疏散。营业厅内的交通空间包括水平交通空间和垂直交通空间。下面就从四个方面来对交通空间中的人性化设计进行分析。

1. 顾客通道宽度

顾客通道是供顾客通行和挑选商品的场所，应有足够的宽度保证交通顺畅，便于疏散。但过宽的通道会造成面积的浪费。在全开敞和半开敞的营销方式中，买卖空间界线无明显划分，在一个主通道上可有多个单元出入口和通道与之连通，方向性人流没有封闭式营销方式中那样集中，其水平通道宽度除特殊情况外，可比封闭式通道稍窄，这样更容易拉近顾客与商品的距离，使顾客能对商品进行近距离的观察。

2. 营业厅的出入口

营业厅的出入口对顾客流线的组织起着重要作用，设计时必须合理布置其位置，选用恰当的形式，在通道疏散口应该有引导提示标志牌。出入口位置的分布、数量及宽度应该充分考虑人流大小，以及消费者的流线走向进行合理配置。而在空间处理上，直接对外的顾客出入口应该宽敞明亮，内外空间交融渗透，更好地吸引顾客进入商店浏览购物。

3. 垂直交通的联系和布置

垂直交通的联系方式一般有楼梯、电梯和自动扶梯。根据商业空间的规模可单独使用楼梯或几种垂直交通方式共同使用，垂直交通方式应分布均匀以保证能迅速地运送和疏散顾客人流。主要楼梯、自动扶梯或电梯应设在靠近出入口的明显位置。商业空间竖向交通的方便程度对顾客的购物心理、购物行为和商业空间的经营有很大影响。

高度不同的商业空间，采用联系上下层空间的自动扶梯、开敞式楼梯及观光电梯等竖向联系构件，把不同标高的多个空间串联起来，相互渗透起到引导顾客流线的作用，增加了营销空间的连续性。顾客在通达上层空间的过程中可方便地浏览、观赏到整个营业大厅，不同的高度使人产生不同的心理感受，强化了人们对该场所的认识与记忆。例如，北京 SOHO 尚都的中庭交通设计，通过坡道与连续的剪刀梯联系上下空间，使人们在行进的过程中产生不同的空间感受。如图 3-35 至图 3-37 所示。

图 3-35　垂直交通空间

图 3-36 垂直交通空间效果一

图 3-37　垂直交通空间效果二

（三）展示空间

商品陈列展示空间是商业综合体空间中的重要空间，是其内部空间整体形象中的一个亮点。商品展示是商业综合体复合功能的重要组成部分，它以商品为首位，通过强化商品，传达商品信息，刺激顾客的心理与视觉，增强商品的可信度与权威性，促进商品销售。不同的文化水平、生活方式、消费倾向和购物心理对设计品位的要求也不同。商品展示的内容一般更换较频繁，这就要求应在较短的展示期限内通过独特的展示设计给顾客全新的感受，使商品成为中心，引起顾客的关注。

图 3-38　沈阳 K11 橱窗展示一

展示空间的人性化设计主要是通过展示的方式来达到让消费者更方便轻松地参观展出商品的效果。展示的方式包括了汇集展示、开放展示、重点展示、搭配展示、样品展示等几种常见的展示方式。设计展示空间时，应该注意展示空间的布局。开放式的、立体的展示空间格局，使消费者不仅从视觉上更从触觉上了解商品的材质、肌理和触感。在展示空间内设有相关的商品介绍设施或人员，以增强消费者与展示品之间的互动，使得消费者能从更多方面去了解相关商品。如图 3-38、图 3-39 所示。

图 3-39　沈阳 K11 橱窗展示二

（四）服务空间

对于商业综合体中的服务空间，应重点考虑的是服务空间的可识别性、易达性及服务空间的环境质量。通过各种标志牌、区分颜色等方法对消费者进行引导，例如，西安万达广场二期的交通疏散空间，通过鲜艳的颜色将其与其他空间区分开来，便于消费者辨识。而在服务空间中，应设置一些造景小品，如花卉、水池、雕塑等，以提高服务空间的质量，满足消费者购物之外的精神需求，延长消费者在商场中停留的时间。营业厅中的服务空间内设有一些附属设施，分为顾客用附属设施和特殊商品销售需要的设施，它们在商品销售及提高环境质量、满足顾客需求方面具有重要作用。下面就来谈一下问讯服务台和卫生间这两个主要服务空间的设置原则。

1. 问讯服务台

问讯服务台的主要功能为接受消费者咨询，引导消费者到达所需商品的位置，接受服务质量投诉等。因此，服务台的位置应该尽量接近消费者主要出入口，但又不能影响消费者人流的正常流动。

2. 卫生间

商业综合体内部应设置较多的卫生间，且便于消费者寻找。可以结合楼梯间设置或与消费者休息处相近，既要方便消费者，又要适当隐蔽。如图3-40 所示。

图 3-40　上海白玉兰广场卫生间效果

（五）休闲空间

前面已经提到，商场已不仅仅是商品买卖的场所，而更多的是考虑到消费者在其中除了购物之外的心理需求。因此，随着商业综合体的产生与发展，商业空间中的休闲功能显得越来越重要。它在满足消费者物质要求的同时，还注重其精神需求，体现出人性化的特点。商场的休闲空间是对消费者身体和情绪的一种调节。在商场中，休闲空间包括了休息、娱乐、餐饮、健身、文教等空间。每一个休闲空间又可细分出许多不同功能的空间。这些休闲空间的设置适应了不同顾客的需要，使顾客在购物的过程中得到休息、娱乐，有利于调节身心。文化设施的设置使商场空间具有文化气息，提高了生活品位。同时购物之外的多种功能空间，延长了顾客在商场内的逗留时间，增加了营业额。如图 3-41 所示。

图 3-41　阜新塞纳明珠生活广场保龄球馆效果

商业综合体内的休闲空间依托于商场，与独立的相应功能的建筑的特点有所不同。因此，对于商业综合体中休闲空间的人性化设计来说，需要注意下面一些方面。

第一，由于商业空间中各休闲空间内人流流动较快，相对时间短，因此在休闲空间的设计中，应在消费者容易发现的位置多设置出入口，注意人流的及时疏散。

第二，应该注意休闲空间环境的色彩及其装饰等细部设计。考虑消费者的购物心理，在购物之余进行休憩交流时，需要的是一个安静舒适的空间环境，不能有太强的视觉刺激。因此，休闲空间的室内环境应该雅致清爽，色彩以中性色或稍冷的调子为主，切忌明度、纯度很高，色彩夺目。

第三，商业空间中的休闲空间的设置应根据其规模、环境、经营理念等因素有多种选择。若同时设置多个不同功能的休闲空间，应注意动静分区及其与商业空间自身的关系。对于可能产生较大噪声的休闲空间，应采取相应的隔音措施，避免对商场中购物的消费者产生干扰。

第三节　地域性

随着国民经济高速发展，人们在物质生活得到迅速满足的同时，也越来越重视文化精神的体验。在空间设计中，设计师在吸收、接纳外来文化的同时，也应充分表现本民族的特点，融合时代精神和历史文脉，弘扬民族化、本土化的文化，用新观念、新意识、新材料、新工艺去表现全新的商业空间设计，创造出既具有时代感，又具有地方风格、民族特点的商业氛围。

一、地域性设计的概念

18—19 世纪的英国风景式造园运动首次提出追求“地方精神”，这是地域主义思想的开端和起源。在一定地域内的人们在历史的不断进程中，通过体力劳动和脑力劳动所创造的，并经过积累、延续和发扬所形成的物质与文化成果称之为地域文化。而地域性设计则是在设计中，根据地域的不同特点，在基本要素不变的情况下，加入一些地域文化特征，以迎合当地文化。地域性在某种程度上比民族性更具专属性，同时，地域性更具有极强的可识别性。

地域性的形成主要有三个因素，一是本土的地域环境、自然条件、季节气候；二是历史遗风、先辈祖训及生活方式；三是民俗礼仪、风土人情和当地的用材。我国幅员辽阔、历史悠久，各地由于不同的地理位置和历史状况的特殊性，形成了不同的地域文化特征，各地的空间环境设计也会受地区、历史、文化等条件的影响，形成不同的风格和特点。商业空间作为城市的一部分，作为商品交换场地和人们生活环境的组成部分，地域性设计则是商业空间设计过程中必须考虑的重要原则。

二、地域性设计与商业空间设计

每一个城市都有自己独特的民俗文化和历史故事，地域文化能够给一个城市带来独特的韵味，横向的地域差别和纵向的传统元素相结合，给我们的空间设计提供了取之不尽的素材和灵感源泉。将地域性设计引入商业空间，便为大型买卖空间注入了新鲜的“血液”，而融合了当地文化魅力的商业空间将成为提升城市形象的经济、文化交流平台，使消费者在进行购物娱乐的同时也可以领略当地特有文化，了解更多的历史文脉。

在商业空间设计中，空间的鲜明特色取决于建筑风格、气候、独特的自然环境、记忆与隐喻、地方材料的使用、技艺等方面，其设计形式是多种多样的：有些在商业空间的功能与材料等方面突出地域性特征，如选择当地的材料、本土制作技术等；有些在商业空间的造型、文化等方面体现地域化，如加入当地传统文化所特有的某些元素或建筑构件等。因此，设计师想要通过当地的地域文化获得创作灵感，在设计中展现地域性，就要对当地文化的起源和发展有深入的理解，了解当地风土人情及特有的自然材料等。

第四节　符号传播性

在传统社会中，消费行为主要依据物的使用价值而做出选择，而发展至现阶段社会，人们的消费选择，除了物的自身使用价值之外，还包含它的品牌价值、社会影响力等。同时，由于具备相同使用价值的商品横向竞争，更多的商品具备了更为细致的消费人群定位及品牌文化内涵表达。人们开始更多地考虑消费物的符号意义，符号消费已递变为大众生活的时尚。在这种情况下商家不再是供给商品，而是制造货品的符号价值进行销售，消费者在潜移默化中形成了对符号价值的认同，如图 3–42、3–43 所示。

图 3–42　沈阳 K11logo 灯光展示

图 3–43　沈阳 K11《坐井观天》装置展

一、符号化设计的概念

20 世纪初，瑞士语言学家索绪尔和实用主义哲学创始人皮尔斯提出了符号学的概念。20 世纪 60 年代以后，符号学才作为一门学问得以研究。所谓“符号”是“携带意义的感知”，即“意义”和“含义”的一种表象，所有能够以具体的形象表达思想、概念和意义的物质实在都是符号。

布尔迪厄通过对“习惯”“品位”“生活风格”“文化资本”等范畴的研究，提出了“消费文化”这一新的概念。波德里亚从符号学的角度对消费的性质进行了全面而深刻的剖析。他认为，在后现代社会，消费不再是工具性的活动，而是符号性的活动。物在被消费时是作为符号来满足人需求的，包括被人们所消费的服务、休闲，以及文化本身都是符号体系的一部分，消费就是一种被符号控制的系统行为。

“符号价值”这一概念是新的消费文化的核心。在消费社会中，物或商品被作为符号消费时是按照其所代表的社会地位和权力及其他因素来计价的，而不是按物的成本或劳动价值来计价的。作为符号，物或商品本身还承载着一定的意义和内涵。符号价值是在物的消费过程中形成的，消费的对象不仅只满足人们的物质欲求，而且应满足其生活追求和精神需要。商品所具有的符号价值是消费的内容和动力。因此，商业空间设计的重心也由物质设计转移到符号设计。

二、符号化设计与商业空间设计

在商业空间设计中，符号化设计最主要的是收集、制造体验并进行传播，通过商业空间的媒介传达给受众，从而使商业空间设计发生巨大的变革。在现代商业空间设计中，如果很多价值（如客户体验、品牌文化、服务等）的创意表达已超越了设计师的一般服务范围，那么，非物质的符号价值可能比物质空间更重要。商业空间发展的趋势已经清晰地表明这部分“非物质”的内容应该成为商业环境设计考量的重要因素，因为符号化设计在反映设计价值和社会存在的趋势方面的作用要明显得多。

商业空间中的符号化设计可以表现在装饰材料、品牌形象、商品服务等方面，也可以是这几方面的融合。拼贴的流行符号，往往是标签化了的传统风格和时髦的国际风格，它们架起了大众与时尚之间的桥梁。著名品牌商业空间可以通过媒介将其符号传递给大众，使既有的商业空间设计风格和思想变得时尚化而被模仿、被拼贴，成为一种炫耀性符号，这往往是商业空间符号化设计的手段。在 21 世纪背景下的消费社会，符号化的商业空间设计是当今社会的一个整体趋势和典型特征，反映出当今世界商业空间设计的整体潮流。如图 3-44 所示。

图 3–44　沈阳 K11 卫生间导视图标设计

第五节　新媒体艺术

一、展示艺术效果

一直以来，人类都在不断地研究、突破与信息传送相关的技术难题，其主要目的就是使信息的传递更快捷、内容更全面、方式更新颖，同时，艺术家们也在不断地努力探索将新技术、新媒体应用于艺术创作的可能性。事实上，无论新媒体、新媒体艺术，其核心都是对以往传统媒介、艺术内容、形式和创作观念的改革，这些改革在为人们的生活带来便捷和舒适的同时，给艺术作品的表现形式也带来了可以无限拓展的空间。新媒体艺术利用先进的技术，实现了展示方式的多维性、虚拟化和直观性。新媒体艺术将平面的图片或者枯燥的文字注解，以影音视频的形式展示出来，让受众可以更直观、全面地了解商品信息；通过虚拟现实技术，建立与现实物品相对应的虚拟展示对象，通过对细节的把握和刻画，对展示对象进行多维度的展示，比传统的单纯的实物展示更有吸引力；枯燥的图文文本变成了形象生动的视听信息，单调的实物展陈变成了高科技的视觉盛宴，新媒体艺术使得展示信息更容易被受众关注、认同。新媒体艺术作品给我们带来的丰富多变的新奇展示形式，在创造新兴的试听体验的同时，也激发了人们对艺术作品进行探索的兴趣。这种新颖独特的展现方式正是新媒体艺术的特长，迎合了人们猎奇求新的心理需求。新奇独特的艺术效果是新媒体艺术视觉表达的显著特征，新奇性突出了对顾客视听感知的冲击，这种冲击带来的快感体验，更容易给消费者留下深刻的印象，强化了信息的传播效果或者延长了顾客留在商业空间的时间，从而有助于唤起消费者潜在的购物需求。如图 3–45、图 3–46所示。

图 3-45　沈阳 K11 钻石造型多媒体屏

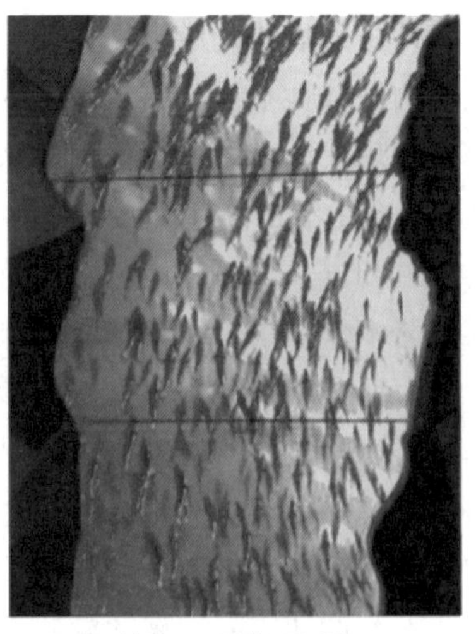

图 3-46　沈阳 K11 天花 LED 屏

二、参与性和互动式体验

互动性是新媒体艺术区别于传统艺术形式的一个重要特征。新媒体技术实现了人对信息的主动选择和控制。新媒体艺术借助互动技术，将艺术作品的欣赏者带入了作品的创作过程。欣赏者的参与和体验，对艺术作品而言，是完成艺术创作不可或缺的一部分，对欣赏者而言，新媒体艺术赋予了欣赏者主体性的身份认同，欣赏者对信息不再是被动的接受，而是主动的理解和探索。如胡介鸣的互动录像装置《向上向上》，25 台电视机被放置在高 22 m 的钢结构框架上，电视画面上刻画了一个不断向上攀爬的卡通人物，这个人物形象如遇到外界的声音刺激，会做出诸如跌落、停顿或加速攀登等不同的互动反应。参与者在与设计作品的互动过程中，激发了进一步了解和探索的兴趣，参与者带着兴趣又会进入更深层更全面的体验之中，在人与设计作品的交互体验中，就自然而然地实现了信息和理念的有效传播。

在商业空间的展示设计、导视系统设计及商品的广告宣传等方面，新媒体艺术作品的参与性和互动性，赋予了消费者根据自己的兴趣主动选择信息的权利。同时，新媒体艺术设计作品与消费者之间这种新型的互动关系，在本质上体现了设计对人的主体性的尊重，体现了设计作品在理念上对人文价值的回归。参与和互动，正是在强调人的主体性的基础上，让设计作品同消费者之间有了真实的沟通交流。

三、娱乐性

艺术在本质上是无功利而让人愉快的，与游戏有着深刻的联系，甚至可以说，艺术本身就是一件令人愉快的游戏性活动。新媒体艺术的虚拟性及互动性在很大程度上也体现了艺术的游戏性本质。新媒体艺术的互动性和游戏性是对当前大众娱乐文化的理解和诠释。在现代城市中，人们面对来自社会、工作、家庭的现实压力越来越大，紧张快节奏的社会生活也使都市人身心劳累、疲于应付，人们渴望寻找到能放松身心、舒缓压力的渠道和方式，新媒体艺术的游戏性和趣味性迎合了大众的这一心理需求。在很多新媒体艺术作品中，设计师将大众娱乐方式与设计作品相结合，设计作品的消遣游戏性，极大地调动和激发了大众的参与兴趣和感官刺激。比如蔡文颖创作的新媒体艺术作品《赛博雕塑》，这个作品内置了声音感应装置，作品受到外界声音刺激之后就会做出相应的反馈动作，十分有趣。在这样的作品前，无论是成年人还是孩子，都能感到与作品进行交流的新鲜与乐趣，都能在游戏的过程中完成对作品的欣赏和理解。新媒体艺术给设计作品带来的游戏性和趣味性，使得大众能在游戏的过程中体会身心愉悦的快乐，并使设计作品在呈现游戏性的同时传达出设计的内涵和意义。

在商业空间设计中，新媒体艺术作品的趣味性、游戏性和娱乐性，让消费者的商业空间行为变成了趣味化的享受过程，在吸引大众参与的同时，也极大提高了商品信息传播的效果。

四、虚拟性

以计算机技术为基础的科技进步推动了虚拟技术的发展。设计者可以利用计算机，依据真实的环境模拟制造出虚拟的三维仿真环境，借助感应装置让大众与之互动，并配合视觉、听觉、触觉等多种感受，使人们产生身临其境的真实感受。虚拟现实通过多种高新技术手段实现了虚拟和现实的统一，虚拟的逼真场景与现实世界互动相融，大众获得了日常生活中很难体验到或根本无法体验到的审美体验。可以说，这是一种全新的表达方式、信息传递方式和展示方式。

虚拟现实技术具有沉浸感、交互性、构想力这三个基本特征。虚拟现实通过模型构建、空间跟踪、视觉跟踪等技术建构了高沉浸感与高交互性的多感官空间。设计师们正是利用其技术特性，创造了新兴的以沉浸和体验为核心的新型艺术形式。恰如克鲁格所言："如果虚拟现实仅仅是一种技术，你就不会听到这么多关于它的事情了。"从更深层次的意义上来说，虚拟现实不仅是一项新技术，它散发出来的艺术感染力，影响着我们对世界的认识和体验，让人们在惊叹科技与艺术结合的神奇魅力的同时，得以从更高层面上反思人与时空的关系。技术的发展同样为虚拟现实应用于商业空间设计提供了可能。虚拟化的信息展示丰富了现实商业空间的设计内容，增强了展示信息的吸引力，在有效吸引顾客注意力的同时，也使顾客建立了连接现实世界与虚拟时空、当下情景与想象空间的无限可能，赋予了顾客商业空间行为新的内涵和意义。顾客与屏幕保持一定距离，人体形象被捕捉到虚拟试衣镜中，预先存储在镜子里面的虚拟衣服就会搭配到试衣者镜中的形象上。顾客不必在现实中试衣服，只需通过控制试衣镜上的感应装置，便可以轻松看到自己的试衣效果，省去了取衣、脱衣、穿衣的麻烦，使得以往烦琐的服装挑选与试穿过程变得便捷轻松且充满乐趣。如图 3–47、图 3–48 所示。

图 3–47　阿里无人自选超市

图 3–48　虚拟试衣镜

第六节　综合性

商业空间的设计原则应依据购物环境、顾客需求的变化而不断发展，以适应市场的变化。随着人们生活水平的提高及公共交流活动的增多，消费行为发生了巨大的变化，商业空间中消费者的行为从原本单纯的购物变成了综合性的休闲体验。现代商业空间除了满足人们基本的购物需求以外，也应关注其他方面的综合表达，如空间的公共性体现、空间的生态化设计、顾客消费行为的时尚性等，综合性设计逐渐成为现代商业空间设计的重要原则。

一、综合性设计的概念

综合性设计指在进行空间设计时，综合考虑各方面因素，不仅要单纯实现人们进行消费的功能，更要注重其文化氛围、综合性消费空间的营造。

现代商业空间已成为大众消费文化的中心，成为城市中公共活动的聚集地，因此关注商业空间综合性艺术表达显得尤为重要。通过陈设公共艺术设施、开展互动性体验活动等可使空间产生多层次、多方面的消费体验，从而促进消费，提升商业空间的经济效益。

图 3–49　商场节日置景

由此可见，商业空间设计中的综合性设计，具体体现为商业空间的综合化。购物、娱乐、休闲等的综合不仅是功能的需要，而且也反映出当代大众的趣味取向和价值观的转变。如图 3–49、图 3–50 所示。

图 3-50　商场导视设计

二、综合性设计与商业空间设计

商业空间的综合性设计提倡多元共生的平等精神，主张营造自由、宽容的氛围，因此综合设计的商业空间常常在单纯的商业空间中综合文化、艺术、时尚等大众所需的各种元素，大大增强了商业环境的文化性。凯文·林奇认为，在设计城市公共开放空间时应考虑以下功能：扩大个人选择的范围，让公众的都市生活有更多体验的机会；给予使用者以更多环境的掌握力；提供更多的机会，刺激人们的感官体验，扩展人们对新事物的接纳。

因此，现代商业空间趋向于通过具有人性尺度和生活化的设计，来满足人们交往与休闲的需求，丰富商业空间的社会内涵。随着休闲娱乐性空间的逐渐兴起，当代不少商场已经转型成为集餐饮和娱乐广场为一体的购物中心。单一的商品售卖空间扩展成为综合化和多样化的生活场所，而消费者也具有了观众旅游者等多重身份，商场、咖啡厅馆、电影院、冰场、画廊等各种娱乐设施出现交集，也将购物变成富有趣味的生活的一部分。

实训题：

根据家乡的地域特色，结合以人为本的设计理念，对一个小型商业售卖空间进行设计，注意设计语言的运用及地域文化的展现。

思考题：

1. 谈一谈你对可持续性设计的理解？

2. 想一想日常生活中的商业空间，有哪些较好的无障碍设计，又有哪些不足之处？

商业空间设计内容

学习目标：了解商业空间建筑设计的相关知识，掌握商业空间的构成关系，合理运用装饰材料进行商业空间设计。

学习重点：商业空间构成关系，装饰材料的运用。

学习难点：照明系统设计，导视系统设计。

第一节　商业空间建筑设计相关知识

作为环境艺术设计专业的学生，不可能全面系统地学习建筑学专业的设计基础，比如建筑材料、建筑构造、建筑物理学、建筑结构、建筑节能等知识。由于环境设计专业在学习过程中也会涉及一些建筑学科的相关知识，所以，我们有必要在本章的开始介绍一些建筑基础知识以供学生了解，这样将会对学生理解环境设计的相关问题大有裨益。

在建筑空间设计中，建筑物的基础结构、墙体、门窗、楼梯和屋顶，都是各种建筑构件经过恰当的选择与设计后形成的。建筑物的分类及防火等要求在很大程度上影响建筑物的功能和结构，影响建筑的适用性、艺术性和耐久性。

建筑空间设计包含了建筑外观设计、建筑周围环境设计、建筑内部空间环境设计。商业建筑，不论是单体建筑还是群落建筑，在设计之初，我们都应该对其自身及周围的物理环境进行详细的勘测与推敲，做到技术与艺术的完美融合，这样的建筑空间设计才可以被称之为好的作品。

从建筑学的角度来看，商业空间的建筑设计的研究对象包括建筑的造型、结构、功能分区、材料与施工等方面的内容；从环境艺术设计的角度来看，我们主要研究微观的、视觉的层面。

一、店面

商业建筑是城市建筑群中最生动、最具个性的建筑之一，被誉为“城市交响乐中的华彩乐章”。而商业店面则是这“华彩乐章”的序曲部分。它是建筑外观重要的组成部分，它可以创造商业气氛、吸引路人的注意力，从而给路人留下独特的印象。

随着物质生活水平的提高，人们不再停留在物质层面的追求，而越来越多地寻找高层次、高品位的精神需求。在激烈的市场竞争中，提高企业的知名度、美誉度，着力塑造企业形象是至关重要的。而店面与整个商店建筑结构和内外环境构成美的主体画面，是商场整体形象不可或缺的一个有机组成部分。

从建筑外环境进入建筑物的内部空间，并不只是空间的转移，对于空间形式和内容的不同体验也会随之而来。此时，商业空间的入口便成了商业建筑和商业内部联系的衔接点。作为包含了巨大信息量的建筑空间来说，信息的交换无疑应该成为商业空间的主要特征，而这种信息交换正是通过店面来实现的。因此，装饰街道、吸引路人、信息交换可以归纳为店面的主要职能。

店面是商业建筑装饰艺术中最体现个性和风格的建筑形态之一，它是商业环境借以表达主题的重要形态之一。店面是指商业建筑的正立面或主立面，它临街、直接面对消费者，通常包括大门、橱窗、招牌幌子、外墙饰面等元素，其中最具表现力的是招牌幌子。幌子是挂在商店门口的视觉标志，它是一种传递信息的载体，向消费者传播经营的内容和特色，又是一种活跃空间气氛、激发购物欲望的装饰。根据不同的功用，幌子可分为三类。

第一类是形象幌。在早期的商业店铺中，商家常将商品的实物直接悬挂于门外招揽客人，如草帽店前挂一顶草帽，伞店前悬一把雨伞。由于有些商品较贵重不宜悬挂，或太小不易看清，后来就用商品的模型、图画等形象物代替，如药店挂木制大型膏药模型。现代商业空间形象幌的案例也很多，毕竟视觉形象最具有冲击力。钟表店可以以夸张变大的钟表为招牌；首饰店以抽象化的戒指作为店门；冰淇淋店甚至以巨型的冰淇淋为小店的建筑形式，既为自身做了宣传又为街道景观增添情趣。如图 4-1 所示的大连恒隆

图 4–1　大连恒隆广场蟹将军自助餐

广场的蟹将军自动餐店的墙壁上粘贴着巨大的“大闸蟹”，灰色的墙面衬托出高纯度的橘色大闸蟹，直截了当地揭示出店铺的名称。

抽象的概念同样可以通过店面表现，如“后现代主义”这一概念就经常通过外墙饰面的断裂、材质拼接等手段表现。店面的形式还体现不同的时间性和地域风格，如颐和园后面的苏州街（图 4–2），是近代苏州街市的再现。朱门碧窗、木雕彩画、招牌幌子，处处透着历史古韵。为了增强空间的张力感，设计者改变了梁坊的比例。

图 4–2　颐和园的苏州街

第二类是标志幌。在我国古代最常见的是旗幌，辛弃疾词云：“青旗卖酒，山那畔别有人家。”除旗幌外，还有灯光广告。早在五代时期就出现了酒楼门口的栀子灯广告。到宋朝灯光广告大盛，图 4-3 所示的《清明上河图》（局部）可为证。在现代商业中，像图 4-4 所示的麦当劳那个大大的金黄色的“M”形标志就是典型的标志幌，它已成为麦当劳的化身，传遍世界各地。

第三类是文字幌。是一种挑挂于门前的文字性招牌。如“茶”“酒”“药”等，多用于提示经营内容。随着商业的发展，招牌上文字的内容也进一步广告化，如药店冠以“丸散膏丹”，酒店冠以“太白遗风”或“三碗不过冈”的字号，这样的招牌使得商业环境的人文色彩日益浓厚。

图 4-3　清明上河图（局部）

图 4-4　麦当劳门面

店面设计是商业环境艺术设计的重要环节，它的设计风格受到许多因素的限制，如商店的交通地理位置、周围环境、商店自身的空间体量、功能要求及消费者群定位等。店面设计是一个独立的形象创造，它凭借形式的和谐、色彩的搭配，综合运用招牌幌子、大门、橱窗、外墙饰面等设计元素，构建一个圆满丰富的小天地。创造出富有吸引力和时代感的店面是商家与设计师共同的方向和目标。

二、橱窗

橱窗是由窗演变而来，在商业空间中，当窗被赋予展示和信息传递的功能并作为独立的装饰空间而存在时，橱窗就产生了。橱窗是商家竞争的“前沿阵地”，因为它临街，可以吸引路人驻足、观赏，从而进入商业环境购物。橱窗是商店的“眼睛”，表现出商店的精神面貌，橱窗因此被誉为“街头美术馆”“都市风向标”。它最直观地反映出城市的人文状况、商业发达程度和整体形象。橱窗是空间的艺术，它涉及立体造型、陈设艺术、灯光照明、材料学等多学科。橱窗是商业环境中最凝练、最具表现力的“诗化空间”；是商店与路人进行交流的“情感空间”；是出人意料、情绪化的“个性空间”。橱窗是视觉的艺术，它是店内视觉演出的延伸，传递商业环境由内而外在视觉上的联动性，橱窗用“美丽的”“有趣的”“值得关心的”“令人惊异的”景象来“款待”我们的眼睛，迎合我们的欣赏趣味。橱窗既可以展示商店所销售的具体商品，也可以传达商家的艺术品位，它可以是一组纯粹的艺术陈列品，给人带来视觉享受，也可以表现故事情节、制造矛盾冲突，让人浮想联翩。橱窗是现代都市生活的流行歌曲和抒情诗，是现代都市文化的一个非常重要的组成部分。橱窗是我们这个时代的一种重要的文化印象，代表都市生活中最惹人注目、最闪亮、最时尚的方面，具有强大的视觉冲击力，其目的是为了宣传商品和向顾客提供有关资讯。橱窗的陈列艺术应具有非常深刻的文化内涵。当我们进行陈列时，不单纯是把商品展示给过路的观众，吸引他们到店里来购买商品，刺激他们的购买欲望，同时也应该使观众得到一种文化熏陶。橱窗艺术应该是一首抒情诗，橱窗艺术的设计和陈列应该是综合的，从整体到局部，从灯光环境到每一个细部、每一件小道具、模特每一个动作的细微变化都应该做认真细致的安排，如图 4–5 所示。

图 4–5　橱窗的展示效果

橱窗艺术设计师必须具备绘画修养和空间设计能力，在一个很独立的小空间创造一个个属于红男绿女的世界。在这个充满奇妙的世界里，如果想要把它的功能关系组织好，同时要把色彩关系、空间关系处理好，尽可能让色彩艳丽动人，造型栩栩如生，使人流连忘返，就需要设计师具有较高的绘画修养。在这个生动的小舞台上，模特在橱窗里被塑造的姿态，就像是演员在舞台上表演一样，通过静态的造型让我们感觉到夸张、动感的情节，生机勃勃，激情洋溢。一个优秀的设计师可以在这个十几平方米的小空间里做出非常好的文章，把自己的艺术修养淋漓尽致地发挥出来。商业环境的变化发展经历了从物质到精神的发展过程。与之相应，作为商业环境中最富有表现力的橱窗，其主题内容的不断更新依然遵循这一规律。

最初，橱窗的内容大多以商品为主题，随后出现了生活场景主题、季节主题、节日主题、公益主题、科幻主题、视觉主题、自然主题等。生活场景主题既可用于购物环境也可用于餐饮环境。它的表现形式有两种：一种以写实为主，再现真实的生活场景，如老北京炸酱面馆的橱窗就是两位身着青布大褂儿、留着长辫子、真人大小的泥塑像在对酌，展现一种老北京的生活画面，很有情趣；另一种重在写意，是将某种生活片段抽象化、夸张化，如某餐厅的橱窗以一个忙碌的侍者为主题。生活场景主题的发展趋势是强调“话题性”，将人们关心的问题、能够引起大众共鸣的生活状态展示出来。季节主题和节日主题是橱窗最主要的两大主题。橱窗是一种非永久性空间，就像人的衣服一样在不同的季节、不同的场合需要不断的更换，以千变万化的“表情”吸引路人的目光。在特定的季节和节日，商家会推出不同的主打商品，主题化橱窗一方面有助于推销商品，另一方面又可营造气氛。公益主题反映了人们对当今生活环境的忧虑，对特殊人群的关心，以及对全球性重大事件的关注。借助橱窗的广告特性，宣传公益事业而不仅仅局限于营造商业气氛，这也从一个侧面表现出商家经营理念的转变。科幻主题表现了人们对技术的关心，那些以宇宙遨游和机器人为主题的橱窗向我们展示了一个令人惊异的世界，一个充满幻想的世界。视觉主题是设计师从视觉的角度进行橱窗艺术设计的结晶。眼睛是信息的接收器，人的大脑中所接受和储存的信息，有 80% 是眼睛提供的。用形、色、质、光塑造空间是视觉主题的四大手法。自然主题主要是用具象或抽象化的动物或植物形象作为装饰母题，给人以活泼自然的感觉。日本从 1982 年起开始用有生命的植物布置橱窗，这就出现了如何给植物保鲜、如何保持造型等一系列技术问题。

主题橱窗的内容和形式受到时代特征、经济发展、人们的生活方式等因素的影响，随之不断发展变化，并呈现出如下趋势：

（1）系列化

橱窗的系列化呈现两种形式：一是多个橱窗从不同角度表现同一主题内容，二是同一橱窗中某一主题不断变化形成系列。这样主题内容不再孤立，而是相互联系，使观者产生视觉的联动性，从而强化主题。如图 4–6 所示。

图 4-6　珠宝首饰的橱窗

（2）艺术化

橱窗的作用，从陈列商品促进销售逐渐向以艺术化的展示带给人们精神满足和审美愉悦发展（图 4-7）。在艺术化的展示手段中借用大师的艺术作品成为最新时尚。埃舍尔的图形渐变、达利的超现实主义题材、米勒的《拾麦穗者》、桑迪的摄影等经设计师手中的魔术棒点拨后都成为非常有品位的橱窗主题。

（3）生活化

商业文化的趋向就是让高雅文化与大众文化之间的界限越来越模糊。橱窗也尝试表现某种生活形态、再现生活场景，用最贴近人们生活的场景感染观众（图 4-8）。

图 4-7　商场内的橱窗展示

图 4-8　表现生活情节的橱窗展示

（4）情节化

现代橱窗已不再满足于单纯的装饰与陈列，而是要传达更多的信息。以静态的空间表达动态的事件成为一种富于挑战性的设计。以故事情节为主题的橱窗（图 4-9）通常会有以下特征：戏剧性——表现矛盾冲突；挑逗性——让人物背过身去或隐藏身体的某部分来吊人胃口；意外性——以生活中罕见的事为题材，如“氧化银世界的七人”表现的是强盗抢劫的故事，这类题材正是因为平时生活中很少见到才更具吸引力。

（5）动态化

大连柏威年购物广场中有家店铺，里面布置了许多玩具，在橱窗的展示里面就运用了旋转的音乐盒，只要人们经

图 4-9　情节化的橱窗展示

过的时候，里面的玩具音乐盒便开始活动：小火车、芭蕾舞公主、小锡兵……忙个不停。这样的橱窗布置，给商业环境增添了许多兴趣点。如图 4–10 所示。

图 4–10　会旋转的音乐盒展示

（6）国际化

国际化可谓信息时代的特征。世界越来越小，生活中各个领域的资讯越来越同步，相同时期不同地点的橱窗会有相同的主题。橱窗被誉为“流行文化的气象台”，充分反映出“流行无国界”。

（7）娱乐化

橱窗的主题内容也向娱乐化发展，用轻松、愉快或引人发笑的题材调剂人们的心情。橱窗作为商业空间中的一部分，用最凝练的诗的语言提升整体商业环境，最敏锐地反映出时代流行趋势。当我们面对橱窗里绚丽多彩的陈设时，我们能感觉到不同时代之间的差别是多么巨大。由于人们的创造力与日俱增，我们要创造时尚，当今人们创造时尚的能力是过去任何时代无法比拟的。我们这个时代是一个以时尚为主要特征的时代。过去，社会生活发展缓慢，人们的创造力受限于客观条件，如今人类的聪明智慧被更大程度地发挥了出来，这个状况说明人们不仅善于思考，更善于创造，以全新的思维方式来考虑问题，而且更善于用形象进行创新，用不同的色彩、不同的材料、不同的肌理来展示不同的款式，创造出绚丽多彩、变化万千的橱窗艺术。如图 4–11 所示。

图 4–11　商业空间中的自助取票区

三、附属设施设计

商业空间的附属设施包括游戏厅、餐厅、银行、洗手间、停车场、室外广场、库房、办公室、物流中心等。鉴于很多书目已对餐饮设施、洗手间、停车场、室外广场、库房、办公室等内容进行过论述，此处重点介绍商业空间中新兴的重要设施——现代物流中心。

传统意义上的物流主要指运输和仓储，而今经济发展赋予物流新的内容。现代物流依靠现代信息技术，将物流、资金流、信息流、商流等综合为一体，囊括了从产品生产之后到销售之前的所有环节，并将“产”“销”两极之间的全部内容消解、简化，整合为更具规模化、整体化、合理化、智能化的商品流通体系。

传统意义上的物流以厂家建设库房并向各商家输送为主，规模小、效率低。而现代物流从“产”“销”两极中单独分离出来，以规模宏大的物流中心作为现代物流的一种重要实体形式。由于大城市中的商业建筑寸土寸金，库存有限，如果库存过大、占用资金过多则会导致企业资金周转不灵。而直接由供货商进货，时间长、效率低、成本高，商品不能及时到位也会影响商家的经营。物流中心正好弥补这些缺陷，成为供货商（厂家）与商家之间的桥梁和媒介。现代物流的关键在于“流”，所谓“流”就是有进有出，现代智能化的物流配送中心可以实现 24 小时不间断地接收供货商的货物，再按需发送到各大商场、超市等商家，实现商品的有效过渡。

物流中心一般建在城市边缘的郊区地带，由于地皮便宜，一般占地面积大，而楼层不高，多为一至二层，可以方便汽车装卸货物。因此也可以说，现代物流中心也是汽车时代的产物。但随着信息化经济时代的到来，有远见卓识的经营者已然初步尝到现代物流带来的效益。真正的现代物流中心服务对象范围很广，应同时服务于多个生产厂家和销售商。这样，一个物流中心由多个使用者共享，其公用性、供养性的特点，大大节约了人力、物力、财力及设备等。此外，现代物流中心规模庞大，综合性更强，是各类产品的集散地，而且，随着产品保管手段不断强化，从需要冷藏的食品到防水要求较高的手表、电器，各类产品均可得到妥善保存。

随着现代商业的规模不断增大，现代化进程的不断加速，现代物流已成为国民经济新的增长点。专家提出，应加快物流信息化和标准化体系的建设，逐步构筑起覆盖全国的现代物流信息平台，积极利用国外资金、设备、技术和先进的经营理念、管理模式，促进现代物流与电子商务的融合，实现资源共享、信息共享。现代物流中心是现代商业发展到信息时代的重要特征和必然趋势。

第二节　商业空间构成关系

一、空间形态关系

空间形态关系主要有设立、围合、覆盖、下沉、上升、悬架、穿插、阵列重复等。

1. 设立

“设立”又称为中心限定，是以整个展示空间的中心为重点的陈列方法。把一些重要的、大型的商品放在展示中心的位置上突出展示，其他次要的小件商品在其周围辅助展示。

“设立”形态的特点是主题突出、简洁明快。一般在商铺入口处、中部或者底部不设置中央陈列架，而配置特殊陈列用的展台。它可以使顾客从四个方向观看到陈列的商品。“设立”形态产生空间核心区间和视觉中心，吸引顾客立即感知商业核心信息，产生强烈的购买欲望和新奇感受，最大限度地吸引消费者，还可用相关的导向系统指引客户到达。如图 4–12 所示。

2. 围合

“围合”是指在大空间内用墙体或者半通透隔断方式，围合出不同功能的小空间，这种封闭与开敞相结合的办法，在许多类型的商业空间中被广泛采用。

图 4–12　以“树”的形式为中心限定空间

“围合”的手法可以把相对开放的展示区域与相对私密的沟通服务区域分隔开（图 4–13）。不同的区域配合不同的营销和商品展示，使客户产生尊贵感，更好地专注于消费行为本身。

3. 覆盖

“覆盖”是指在开阔的区域规划出特定的区域，用顶棚覆盖的方式，在大空间中形成半开放式的区间，营造集中、安全、亲密的空间感觉（图 4–14）。“覆盖”分隔出来的空间，建筑上一般称为“灰空间”，适合在大空间中聚集人流，是人流停留率较高的一种空间形态。

图 4–13　通过造型围合出相对私密的空间

图 4–14　利用吊顶限定下部空间

4. 下沉

室内空间地面局部下沉，在统一的室内空间中就产生一个界限明确、富于变化的独立空间。由于下沉地面标高比周围要低，因此有一种相对的隐蔽感、保护感和宁静感，易形成具有一定私密性的小天地。消费者在其中休息、交谈也倍觉亲切，较少受到干扰。同时随着视点的降低，消费者会感到空间增大。

5. 上升

将室内地面局部抬高也能在室内产生一个边界十分明确的空间。地面升高形成一个地台（图 4–15），和周围空间相比变得十分醒目突出，因此它们适宜于陈列或展示惹人注目的商品。许多商店常将最新产品布置在上升式空间，使消费者一进店堂就可一目了然，很好地发挥了商品的宣传作用。

6. 悬架

用一些特殊的动态展架，使置于动态层架上的商品有规律地运动、旋转；还可以巧妙地运用灯光照明的变换效果使人产生静止物体动态化的感觉；巧妙设置变化、闪烁或具有动态结构的字体，能给人以动态的感觉；此外也可在无流动特性的展品中增加流动特征。如图 4–16 所示。

图 4–15　地面相应升高形成地台

图 4–16　图片展示悬架与静态模特的结合

7. 穿插

“穿插”是指把几个不同的形态，通过叠加、渗透、增减等手法组合出一个灵动、通透、有视觉冲击力的新形态。“穿插”的手法经常运用在商业空间的设计中，产生符合商品定位的形态，吸引消费者的注意力。如图 4–17 所示。

图 4–17　点线面的穿插

8. 阵列重复

“阵列重复”是指把单一或者几个基本元素在空间中重复排列，达到整齐有力的空间效果。“阵列重复”本身就产生一种序列的形式美感，在许多功能相对单一的大型商业空间运用较多，如超级市场或者古典风格的服装店等。如图 4–18 所示。

图 4–18　展示图形的阵列

二、空间序列关系

各商业空间单元由于功能或形式等方面的要求，先后次序明确，相互串联组合成为不同的空间序列形式。现代商业空间中，中心式、线式、迂回通道式、组团式是比较常见的空间序列组合方式。

（一）中心式组合

中心式空间序列组合适用于中轴对称布局的空间，以及设有中庭的空间等。中心式空间序列组合设计强调区域主次关系，强调中轴关系，强调区域共享空间与附属空间的有机联系。中心式组合的空间形态强烈对称，冲击感强，富有递进、庄重、有序的表现力。通常在开阔的市政广场、大型购物中心的中庭、酒店大堂等场所会采用这种强烈有力的空间序列组合手法。“设立”“地台”“下沉”“覆盖”“悬架”等都是中心式组合的常用空间形态。如图 4–19 所示。

图 4–19　中心式组合

1. 向心式构图

由一个占主导地位的中心空间和一定数量的次要空间构成。以中心空间为主，次要空间集中在其周围分布。中心空间一般是规则的、较稳定的形式，尺度上要足够大，这样才能将次要空间集中在其周围。

中庭由于其空间构成元素的多样性及空间尺度的独特性，成为整个商业空间设计的重点。设计应着力体现其社区性、节日性及娱乐性，使之成为整个购物中心营造气氛的高潮。中庭的构成元素包括自动扶梯、观光电梯、绿化小品及特定的营造气氛等要素。集中式组合内的交通流线可以采取多种形式（如辐射形、环形、螺旋形等），但几乎在每种情况下流线都在中心空间内终止。

中心式组合通常有“中心对称”及“多中心均衡”两种主要组合形式。两者区别是“中心对称”强调对称美感，通常有一个视觉中心点；而“多中心均衡”着重于均衡构图，不强调绝对对称，通常有两个或者三个视觉中心点。

2. 视觉中心

在现代商业空间设计中，每个空间形态都具备有色、有质、有形、有精神含义的特征。这些空间形态在视觉关系中形成了一定的序列关系，形成了“主与次”“虚与实”等形式现象，而所形成的“主”“中心”“精彩”“实”的部分就是“视觉中心”。

视觉中心的特点：一方面，充当视觉中心的造型通常居于区域的中心位置（图 4-20），以强有力的造型作为视觉主导，起到聚集人气、指导流线的作用；另一方面，充当视觉中心的象征，通过材质和造型元素的处理，视觉中心会被赋予其自身一定的象征意义，往往能反映出商业空间的内在精神含义。

图 4-20　视觉中心空间

（二）线式排列组合

线式组合是将体量及功能性质相同或相近的商业空间单元，按照线性的方式排列在一起的空间系列排列方式，线式组合是最常用的空间串接方式之一（图 4-21），适用于商业街及平层的商铺区，具有强烈的视觉导向性、统一感及连续性。统一元素风格的走廊、完善的导购系统等都是线性排列组合的常用手法。

图 4–21　线式组合空间

线式组合常用走廊、走道的形式在空间单元之间相互沟通进行串联，从而使消费者到达各个空间单元。商业空间中过道的作用是疏散和引导人流，也影响商铺布局。商场过道宽度设置要结合商场人流量、规模等因素，一般商场的过道宽度在 3 米左右。过道的指引标志主要作用是指引消费者的目标方向，一般要突出指引标志。特别在过道交叉部分，指引标志设计要清晰。通过过道和商铺综合的考虑，最大限度地避免综合商场内的盲区和死角问题，同时更加考虑到消费者在商场内购物的行为过程和心理感受，营造自然、舒适、轻松的购物环境。

线式组合经常与集中式组合配合使用，这类组合包含一个居于中心的主导空间，多个线式组合从这里呈放射状向外延伸。这种组合方式也称为“放射式组合”。

将线式空间从一中心空间辐射状扩展，即构成辐射式组合。在这种组合中集中式和线式组合的要素兼而有之，辐射式组合是外向的，它通过线式组合向周围扩展，一般也是中心式规则。以中心空间为核心的线式组合，可在形式长度方面保持灵活，可以相同也可以互不相同，以适应功能和整体环境的需要，它同样也受到建筑造型及结构形式的制约。

导购系统的设计使识别区域和道路显得简单便捷。在商业空间的室内设计中，导购系统（图 4–22）尤为重要。如果说商业空间是一部书，导购系统就是书的目录，它是指引消费者在商品海洋中畅游自如的“导航灯”。导购系统的设计应简洁、明确、美观，其色彩、材质、字体、图案与整体环境应统一协调，并应与照明设计相结合。

线式组合设计需要注意增加局部变量，使空间连续形态更为丰富。

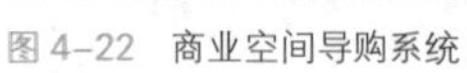
图 4–22　商业空间导购系统

（三）迂回通道式组合

线式组合也可以迂回成通道式组合，多设立交叉路口的设计或者采用回路的方式。四通八达的商业空间路网可以使消费者购物时快速到达要去的区域，可以增加更多行走路线的选择。线式组合的特征是长，因此它表达了一种方向性，具有运动、延伸、增长的意味，有时如空间延伸或受到限制，线式组合可终止于一个主导的空间或不同形式的空间，也可终止于一个特别设计的出入口。线式组合的形式本身具有可变性，容易适应环境的各种条件，可根据地形的变化而调整，既能采用直线式、折线式，也能用弧形式，可水平可垂直亦可螺旋。

（四）组团式组合

组团式组合通过紧密、灵活多变的方式连接各个单元空间。这种组合方式没有明显的主从关系，可随时增加或减少空间的数量，具有自由度，是指由大小、形式基本相同的单元空间组成的空间结构。该形式没有中心，缺乏向心性，而是以灵活多变的几何秩序组合，或按轴线、骨架线形式组合，达到加强和统一空间组合的目的，表达出统一空间构成的意义和整体效果，适用于主题性较强的体验店、娱乐场等，令空间显得活泼、层次多样。如图 4–23 所示。

组团式可以像附属体一样依附于一个大的母体或空间，还可以彼此贯穿，合并成一个单独的、具有多种面貌的形式。

组团式组合可以区分多个视觉中心，突出不同的产品展示，满足差异化区域。

组团式布局使得空间有机生动，但是要合理安排交通流线，避免空间拥堵。

图 4–23 商业空间组团式展示

第三节　材料表现

商业空间设计是有目的地将科学、技术和经济融为一体，对商品的陈列与空间环境进行综合策划，从而创造更加合理、更加符合人们物质和精神需求及生活方式的系统工程。在这一系统工程中，材料是支撑商业空间设计得以实现的物质基础。商业空间中的材料一般是指用于铺设、构建内外部商业空间，以及涂装在空间表面起装饰效果的材料，它集材料、工艺、造型设计、色彩、美学于一身，如图 4-24 所示。

一、材料的作用及重要性

商业空间既是企业提升自身品牌品位、促进商业销售行为的场所，又是满足和愉悦消费者的场所，因而，它还应该是作为人们艺术审美的对象而存在的，并且成为人类物质文化形式的一个重要类别。商业空间的构建包含了两个方面的内容，即商业空间装饰工程和商业空间装饰艺术，前者是给予一定功能、以创造商业空间为目的而实施的过程，包含了商业空间内外立面、隔断空间（图 4-25）、入口、地面、顶棚等，后者则包含了以美化空间为目的的造型艺术，如雕塑、挂画、装饰图案等。

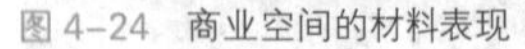
图 4-24　商业空间的材料表现

图 4-25　利用造型艺术做成隔断空间

无论从哪一方面，商业空间设计的艺术表现都在很大程度上受到材料的制约，尤其受材料物理特性（强度、硬度、耐水性等），以及表面特性（光泽、质地、质感、图案）等诸多因素的影响，如艺术玻璃同有色金属搭配产生的相互辉映、色彩绚丽的质感效果。各种不同材料均有不同的质地感受，织物的柔和、金属的冷艳……形成了商业空间从有限向无限延伸的视觉效果，因而，商业空间装饰材料应用的恰当与否关乎商业空间设计工程的成败，只有了解材料的特性，在商业空间内容与形式要求下合理选用材料，充分发挥每一种材料的特性，才能物尽其用，满足商业空间设计工程的各项需求，如图 4–26所示。

在商业空间设计工程中装饰材料所占比例，可达总预算的 50%~70%，选择材料时要注意经济、美观、实用的统一，这对降低工程总造价、提高商业空间效果的艺术性具有重要意义。

图 4–26　商业空间中的材料应用

二、材料的发展趋势

装饰材料既是一个传统话题，也是一个同现代科技的形成有密切关联的概念，最早的装饰材料有石、木、土、铁、铜、编织物等，随着科技进步和新型工业的发展，装饰材料从品种、规格、档次上都进入了崭新的时期。

近年来，装饰材料总的发展趋势是品种日益增多，性能越来越好。例如，复合板材的品种越来越多，包括生态板、聚酯纤维板、木质吸音板等，已广泛用于各类商业空间设计中。日本还推出一种新颖的立体色彩玻璃，这种玻璃在白色光线的照射下，显示出立体感的彩虹色彩，其装饰效果极佳。

在装饰材料中传统的墙纸仍是广泛使用的墙面装饰材料，并向多功能方向发展，出现了防污染、防菌、防蛀、防火、隔热、调节湿度、防 X 射线、抗静电等不同功能的墙纸。欧美发展较快的是织物墙纸和天然材料作面层的墙纸，具有环保和极强的装饰效果。

陶瓷面砖在商业空间设计中的广泛应用正逐步取代塑料、金属等饰面材料。其主要原因是塑料易老化、易燃烧，而金属饰面材料易腐蚀、价格高。而陶瓷面砖则具有坚固、耐用、易清洗，色彩鲜艳，防火、防水、耐磨和维修费用低等优点，目前国外的陶瓷面砖品种正朝多样化方向发展。有一种浮雕面砖（图 4–27），艺术效果更好，质量轻、隔声、保温，长期使用不褪色，很受消费者欢迎。

图 4–27　浮雕砖

一种能产生回归自然感觉的，以木头、砂石、玻璃、天然纤维等为原料制成的装饰材料逐渐得到人们的青睐（图 4–28），而以合成、化工原料为主的商业空间装饰材料，相比之下行情显得有些冷淡。

在今后一段时间内装饰材料有以下几个发展趋势：

（1）向复合化、多功能、预制化方向发展。也就是利用复合技术，研制特殊性能材料来提高其材料的性能。例如，复合装饰玻璃、组合装饰玻璃、高强凹凸装饰玻璃、最新开发的“立体影像玻璃”将成为商家关注的热点。金属或镀金属复合材料成为颇具市场发展潜力的装饰材料。

（2）向高性能材料方向发展。研制具有轻质、高强度、高耐腐蚀性、高防火性、高抗震性、高保温性、高吸声性等特质的装饰材料（图 4–29）。防燃、防火、抗水、耐磨型饰面材料将成为市场新宠，其中浮雕型面砖、艺术抛光仿花岗石无釉地砖等材料，将以其质轻、保温、隔声、艺术性强等优点在商业空间设计中得到广泛的应用。

（3）向绿色环保化、新型复合化的方向发展。这些新材料的出现对提高商业空间设计的使用功能、经济性，加快施工进度、增强艺术效果有十分重要的意义。

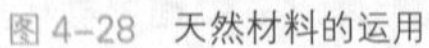
图 4–28　天然材料的运用

图 4–29　高性能材料的运用

三、材料的分类

室内设计材料的种类繁多，且分类方法各不相同，有的从材料的状态、结构特征、化学成分、物理性能进行分类，也有的从材料的发展历史和用途进行分类，或从材料的肌理、质感、色彩和形状等触觉或视觉效果进行分类。尽管材料有不同的分类方法，然而材料在实际的表现中始终体现出使用价值和审美功能，将技术与艺术完美融合。

（一）按材料的发展历史分类

1. 原始的天然石材、木材、秸秆和粗陶。

2. 通过冶炼、焙烧加工而成的金属和陶瓷材料。

3. 以化学合成制成的高分子合成材料（聚合物或高聚物），如：聚乙烯、聚氯烯、涤纶、橡胶等。

4. 用有机、无机非金属和金属等原材料复合成的复合材料，如：铝塑板、有机复合涂料、无机复合涂料等。

5. 加入纳米微粒且性能独特的纳米材料，如：纳米金属、纳米塑料、纳米陶瓷和纳米玻璃等。

（二）按材料的状态分类

1. 固体：钢、铁、铝、理石、陶瓷、玻璃、塑料、橡胶、纤维等。

2. 液体：涂料（水性 / 油性）、黏结剂（黏结涂料），以及各种有机溶剂（稀释剂、固化剂、干燥剂等）。

（三）按材料的化学成分分类

1. 有机材料：木材、竹材、橡胶等。

2. 无机材料：金属材料和非金属材料两种。

3. 高分子材料：塑料、聚（氯 / 苯）乙烯、ABS 塑料等。

4. 复合材料：铝塑板、玻璃钢、胶合板、防火板、复合地板等。

5. 纳米材料：纳米金属、纳米塑料、纳米陶瓷和纳米玻璃等。

（四）按材料的主要用途分类

1. 结构或龙骨的材料：木、钢、铁、铝合金、混凝土等。

2. 墙面的材料：石材、木材、瓷砖、纺织面料、墙纸、涂料等。

3. 顶面的材料：石膏板、矿棉板、铝扣板、胶合板、涂料等。

4. 地面的材料：实木、复合板、塑胶地板、大理石、瓷砖、地毯等。

5. 家具的材料： 人造板、木方、金属、防火饰面板、石材等。

（五）按材料的色彩、肌理和心理感受分类

1. 色彩的明暗程度：色彩明度高的亮材和明度低的暗材。

2. 视觉、触觉肌理和心理感受：粗细、软硬、刚柔、轻重等。

3. 光亮度及透明度：亮光、半 / 亚光、透明、半 / 不透明材料。

（六）材料的其他分类方式

1. 加工方式：天然材料和人工加工材料。

2. 外部形状：规则的立体及平面型材和不规则的异型材。

3. 环保要求：有 / 无毒、有 / 无刺激味和有 / 无放射性材料。

4. 主要功能：吸音、防水、防火、防滑、保温隔热等材料。

四、材料的选择

商业空间设计不仅仅是一种设计行为，同时也是一种综合的、复杂的活动，在这里尤为重要的是如何合理地选择好材料。在选择材料时，要求我们综合考虑工程的环境、气氛、功能、空间，以及经济效益、美观实用等诸多方面的因素。商业空间设计师在选择商业空间工程材料时，除必须考虑材料的固有属性外，还必须着眼于商业空间材料的实用性（图 4–30）、创新原则、经济原则、防火原则，以及绿色环保原则等。

除了材料本身固有的特性以外，影响商业空间材料选择的基本因素还有商业空间设计自身的功能因素和顾客的心理因素。

图 4–30　材料的实用性

（一）商业空间设计自身的功能因素

成功的商业空间设计，不仅涉及设计师的感性和理性判断，而且，很大程度上也取决于正确的选择和运用商业空间材料（图 4–31）。材料选择的恰当与否，对设计的内容和外观影响很大，如果材料运用不当，就会对商业空间的功能、商业空间效果产生负面的影响，从而影响到设计的整体。

在对商业空间进行设计时，必须首先考虑商业空间设计自身要达到的功能期望。不同的商业空间应选用不同的材料，恰当地使用材料能为商业空间增加丰富活泼的效果和舒适、舒心、人性化的印象，如图 4-32 所示。

图 4-31　材料的选择

图 4-32　材料与主题的贴合

在商业环境设计中，材料的选用要尽可能地给顾客以舒适感或亲切感，千方百计地吸引顾客，并使之流连忘返。因此在商业空间设计材料上要选用适宜于商业环境的材料，例如，地面材料的选择，宜选用耐磨、耐污、易清洁、有光泽的石材，大部分商业环境会选用大理石作为地面主要材料，大理石的色彩选用宜浅不宜深，这样可以使空间感觉干净、明亮，更能够吸引顾客，如图 4-33 所示。

图 4-33　大理石地面

通常在要求集中光线照明的商业空间中，应避免眩光的产生，道具一般应选用亚光材料，如果是使用木质饰面材料，刷清漆时应采用亚光清漆，这样更能体现商业空间的陈列效果。如图 4–34 所示。

（二）顾客的心理因素

材料因色彩、肌理的差异，会让顾客产生不同的心理。拿色彩来说，虽然色彩本身没有温度差别，但红、橙、黄色使人看了联想到太阳和火，而感到温暖（图 4–35），因而称之暖色调。绿、蓝、紫色使人容易联想到大海、蓝天，森林、草丛，而感到凉爽，所以我们称之为冷色调。暖色调使人感到热烈、兴奋、灼热；冷色调使人感到宁静、优雅、清凉。

图 4–34　避免炫光的吊顶材料

图 4–35　暖色材料的心理感受

同时，个体因性别差异，职业、修养的不同也会对色彩产生不同的感觉（图 4–36）。例如，性格外向的人热情奔放、富于幻想，喜欢暖色调；性格内向的人，大多喜欢冷色调和安逸舒适的色彩。另外从事教育、文化等脑力劳动者偏爱柔和素雅、温柔、深沉的冷色调或灰色调；而体力劳动者往往喜欢色彩对比强烈的色调。年龄层次也能产生不同的色彩感受，从人辨别色彩能力发展的心理特点上讲，年龄越小，越喜欢光谱上接近红色一端的色彩，年龄越大，则越喜欢接近于紫色一端的色彩。

图 4–36　不同群体的色彩偏好差异

五、商业空间常用材料及工艺

近年来随着国际范围内的科技进步，高分子化合物的新型商业空间材料脱颖而出，成为商业空间工程用材的新宠。这些新型材料在商业空间工程中的运用，表现出了不同的商业空间环境，取得了很好的艺术效果。但传统的商业空间设计常用材料，如定型的木方、瓷砖、石膏板，以及各类纸张、玻璃、人造板材等仍占主导地位。自 20 世纪 80 年代起，钙塑板、装饰布、即时贴、电化铝纸，壁纸、铝塑板、特种玻璃等被广泛应用于商业空间设计中。

（一）商业空间结构材料

商业空间结构材料是指在商业空间设计中可以分隔空间、构成主要空间层面的材料。如作为分隔空间的墙体材料、隔断骨架，板层材料下的基层格栅、天花吊顶的承载材料（如轻钢龙骨）等。这类材料可能在施工结束后被其他材料覆盖或掩住，但其在商业空间中起到非常重要的构造作用。

1. 木龙骨

木龙骨是木材通过加工而成的切面呈方形或长方形条状材料，可分为内木龙骨和外木龙骨两类。

（1）内木龙骨。内木龙骨多选用材质较松、材色和纹理不是非常显著的木材，这些材料内含水率较低，具有不劈裂、不易变形的特点，如图 4–37 所示。

近几年，在原有红松树、白杨树、落叶松等传统木材基础上，又新增几种木材，如硬度中等、干燥性能良好、不易开裂变形的美国花旗松木（图 4–38），还有材质较软、加工良好、变形量小的椴木，这些都是商业空间设计中所采用的新型材料。

图 4–37　木龙骨吊顶

图 4–38　花旗松木

（2）外木龙骨。在商业空间设计工程中，有些商业空间要求有外露栅架、支架、隔断（图 4–39），有的还配有整体门窗、家具等，需要木质较硬、纹理清晰美观的木材。

这些材料主要在原来传统水曲柳、柞木、柚木的基础上，又新加了几种，如胡桃木、楠木、橡木等新型材料。

2. 轻钢龙骨

在商业空间设计中，经常用到轻钢龙骨吊顶。轻钢龙骨由镀锌板或薄钢板经剪裁、冷弯、滚轧、冲压等工艺加工而成。轻钢龙骨可分为C形龙骨、U形龙骨和T形龙骨，C形龙骨主要用来做各种不承重的隔断墙，U形和T形龙骨主要用来吊顶，在U形和T形龙骨组成的龙骨骨架下安装装饰板材，组成顶棚吊顶。

轻钢龙骨具有较良好的特点，它的防火性能好、刚度大，便于检修顶棚内设备和线路，而且在商业空间和博物馆空间设计中有较好的吸声效果，如图4-40所示。

现在市场上新出一种烤漆龙骨很受欢迎，这种龙骨颜色、规格多样，强度高、价格合理，符合现代商业空间设计的要求，广泛用于各种商业空间设计中。烤漆龙骨与棉吸声板或钙塑钢板相搭配，组成新型龙骨吊顶，具有方便、简洁、美观实用的特点，是商业空间设计中顶棚材料的首选。

3. 铝合金型材

铝合金型材用处广泛，在价格上比钢材便宜，具有质轻的特点。在商业空间设计中铝合金型材主要用来制作结构骨架等，其优越性是其他材料所无可代替的。它具有良好的抗腐蚀性、高水密性和气密性、强度和装饰性，且安装方便，可以使得商业空间设计更加具有装饰意味。

图4-39　木制隔断

图4-40　轻钢龙骨吊顶

铝合金型材（图 4–41）的生产方法可分为挤压和轧制两种，具有质轻、高强、耐蚀、耐磨等特点，经过氧化着色处理可以得到各种色泽艳丽、装饰效果好的配件、幕墙、货柜、展览柜、门面、装饰材料等。

铝合金装饰板材及制品，主要包括铝合金花纹板、铝合金波纹板、铝合金穿孔平板、铝合金平板及蜂窝板、装饰用铝合金制品（如铝合金百叶窗）等。

图 4–41　铝合金型材

（二）面层装饰材料

表面装饰材料的主要特性是用来修饰室内环境的各个部位。因此，它们除了用于不同部位外，也具有一定的承载作用。这些材料主要在质地、光泽、纹理与花饰等方面有突出的优点，因而颇受设计师青睐。商业空间设计应当通过适当选用合适的表面装饰材料来修饰、改善空间环境，营造优秀的艺术气氛，如图 4–42 所示。

图 4–42　面层材料的运用

1. 基面板材料

所谓基面板材料通常是指安装在龙骨类材料之上、装饰类材料之下的，用附着面层装饰的基层板材。这种基面板要求平整、规则、易于安装，如图 4–43 所示。

平时用作商业空间设计的基面板材大部分是胶合板（图 4–44），有三夹（合）板、

图 4–43　基面板——细木工板

图 4–44　胶合板

五夹（合）板、七夹（合）板、九夹（合）板，现在也有十二夹（合）板和细木工板等，这些材料大多平整光洁、纹理美观，不易翘曲变形，切割容易，使用方便，广泛地应用于展具基层面板设计、造型集面、基地板等方面。

2. *大理石、花岗岩*

天然大理石是石灰岩经过地壳高温、高压作用形成的变质岩，主要由方解石和白云石组成。其主要成分为碳酸钙，约占 50% 以上，其他成分还有碳酸镁、氧化钙、氧化锰及二氧化硅等。

天然花岗岩是火成岩，也是酸性结晶深成岩，属于硬石材，由长石、石英和云母组成。其成分以二氧化硅为主，占 65%~75%，岩质坚硬，按其结晶颗粒的大小可以分为伟晶、粗晶和细晶三种。

大理石、花岗岩镶贴是指将大理石饰面或花岗岩饰面板，用锚固、灌浆和黏结等方法固定在建筑物表面。天然大理石、花岗岩石等高级建筑装饰材料耐久、色彩丰富、绚丽美观，用大理石、花岗岩装饰的工程显得高雅富丽，它适用于宾馆、饭店、银行、纪念性建筑物等大堂墙面、柱和地面等工程，如图 4–45 所示。

图 4–45　大理石地面

3. *石膏板*

石膏板是以石膏为主要原料，加入纤维、黏结剂、缓凝剂、发泡剂等压制后干燥而成。

石膏板具有防火、隔声、隔热、质轻、强度高、收缩率小、可钉、可锯、可刨、不受虫害、耐腐蚀、不风化、稳定性好、施工方便等优点，而且石膏板的价格经济。石膏板广泛用于博物馆陈列设计、展览空间工程中，如图 4–46 所示。

图 4–46　石膏板吊顶

近年来，一些新型板材如 N 卡复合板、埃特板、硬质低发泡塑料板材，都以其优质的性能成为商业空间设计的材料“新宠”。

4. 木地板

木地板可分为复合地板和实木地板，如图 4–47 所示。

图 4–47　木地板

复合地板是一种由表面材料、中间层材料和底层材料经涂胶高压而成的材料。面层是特殊高耐磨层压树脂木纹板，具有防紫外光、防烫、防污、防滑、不受重压的特性。中间层是低胶高密度板，硬度高，能承受冲击载荷，并有防腐、防潮、防电的效果。

层压木地板质地美观，可仿天然木质花纹和其他各类花纹。由于该木质地板有阻燃、防水、不变形、超耐磨、无须打蜡上漆等特点，而且又不怕腐蚀、不怕虫蛀，所以广泛用于各种商业空间地面装饰和特殊造型中。

此外，还有塑料型商业空间地板材料，这种材料有以下优点：

（1）由高密度、高纤维网状结构构成其坚实质地，表面覆以特殊树脂，纹路逼真，超强耐磨；

（2）耐久性好，耐热性、耐冲击性、耐收缩性均好；

（3）防电、防燃、防污染、防霉变、不褪色、有弹性；

（4）施工简单、接缝密实、可任意拼图案；

（5）易清洁、易保养、易更换。

这种塑胶地板材料，打破了过去木地板、地毯等传统商业空间材料的局限，被广泛地应用，尤其是它多样化的色彩图案，更为商业空间设计师提供了丰富的设计空间，如图 4–48 所示。

图 4-48 塑胶地板

5. 玻璃

玻璃是一种重要的商业空间设计材料，它有透光、透视、隔声、隔热的作用，可以被制成各种刻花图案或印制图案橱窗（图 4-49）及花纹玻璃砖等商业空间材料。玻璃主要由石英砂、纯碱、长石及石灰石等在1550~1600℃高温下熔融后经拉制或压制而成。如果玻璃中加入某些金属氧化物、化合物或经过特殊处理，又可制得具有各种不同特殊性能的特殊种类玻璃。

图 4-49 玻璃橱窗

在传统普通平板玻璃、压花玻璃、磨砂玻璃、刻花玻璃的基础上，近几年又出现了镀膜反光平板玻璃、钢化玻璃、冰花玻璃、夹丝玻璃等新型工艺材料，这些玻璃的出现为商业空间设计提供了丰富的资源。玻璃也常在展示空间中用作地面材料，在玻璃造型中加入灯光，易形成梦幻奇异的效果，如图 4–50 所示。

6. 铝塑板材料

铝塑板品种繁多（图 4–51），用于不同的隔断、顶棚，它为商业空间设计水平的提高注入了新鲜的活力。铝塑复合板是具有现代科技水平的高档装饰材料。主要用于展览会、博览会、博物馆、商业空间等方面。

铝塑板是在塑料基材上下都压合一层铝板后，再在铝板表面经滚涂方式涂上氟化乙烯树脂或氟碳树脂，经烤制而成。铝复合板综合性能优良，具有较强的耐腐蚀、耐风化、耐紫外线和不易变色的特征，具有很强的耐候性，该板还具有较强的耐火性能，因此，被许多商业空间设计师所采纳。另一种新型材料是经过表面喷漆处理的铝金属发光图案板，发光图案板能在对人体无害的普通紫外线照射下发出图案光线，出现精美的彩色图案。用于商业空间工程能烘托出神秘、奇异的商业空间艺术效果，从而达到传达信息的功能。

图 4–50　玻璃与灯光的结合

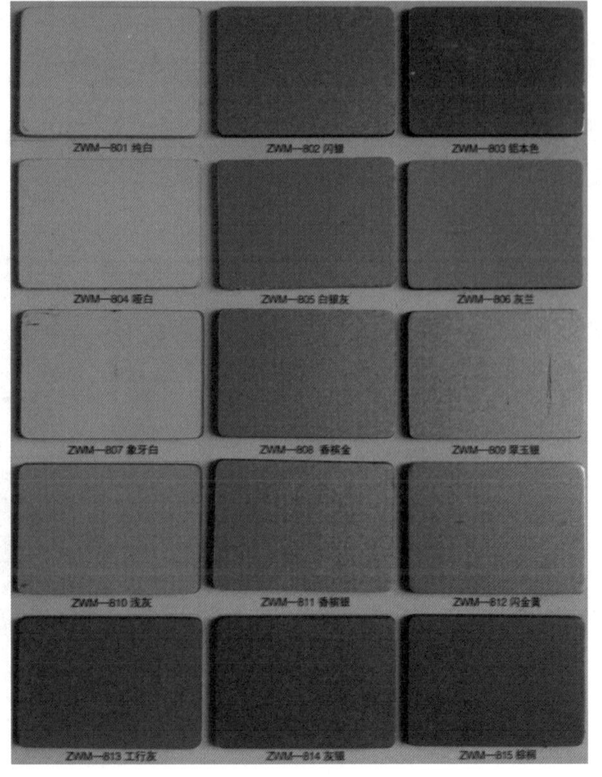

图 4–51　铝塑板

7. 阳光板、有机板、亚克力

（1）阳光板（图 4–52）的特点是中空，可较容易地弯曲，有多种色彩，加工工艺较简单，规格多样，但是价格高，厚度有 8 mm、10 mm、15 mm，长度有 3000 m、4000 m、6000 m 等不同的规格。

（2）有机板分透明有机板和有色有机板，色彩局限在纯色和茶色，缺点是非常脆，且较容易脏，极易被损坏。规格 1200 mm × 1800 mm，厚度最薄 0.4 mm，常用 2 mm、3 mm、4 mm、5 mm（与玻璃一样）。白有机板（片）、奶白片（乳白片）透光，稍黄。灯箱片有多种颜色，透光漫反射。瓷白片不透光，可用做贴面，如图 4–53 所示。

（3）亚克力有透明亚克力（水晶效果）、彩色亚克力、亚克力灯箱（价格昂贵）。价格比有机板贵很多，但档次高，硬度高，不易碎，透光效果好，如图 4–54 所示。

8.PC 耐力板

PC 耐力板（图 4–55）透光性好，与玻璃相当，是良好的采光材料；具有良好的难

图 4–52　阳光板

图 4–53　有机玻璃板

图 4–54　亚克力板

燃性、耐候性、耐温性，除具抗紫外线特性外，还可保持长久耐候、永不褪色；在 -400~1200℃范围内保持各项物理性能指标稳定，确保任何场合均可使用；质量轻，聚碳酸酯的密度为 1.2，是普通玻璃重量的 50%；PC 耐力板的加工性能好，PC 板既可热弯，也可冷弯成拱形、半圆形及其他形状。

图 4-55　PC 耐力板

9. 地毯

地毯按材质分类可分为羊毛地毯、混纺地毯、化纤地毯、剑麻地毯、塑料地毯等。以化纤地毯为例，化纤地毯是 20 世纪 70 年代发展起来的一种地面铺装材料，它是以各种化学合成纤维（丙纶、腈纶、锦纶、涤纶等）为原料，经过机织法或簇绒法等加工成面层织物后，再与麻布背衬材料复合处理而成。化纤地毯具有优良的装饰性，且具有较好的耐污及藏污性、耐倒伏性、回弹性、耐磨性，缺点是耐燃性差、易产生静电，因为其质优价廉，备受展示设计师的青睐。地毯铺设方法和要求如下：

（1）基层处理：铺前基层混凝土地面应平整、无凹凸不平处，凸出部分应先修平，凹处用 107 胶水泥砂浆修补，基层表面应保证平整清洁，干燥基层表面的含水率要小于 8%；基层面上黏结的油脂、油漆蜡质等物，应用丙酮、松节油，或用砂轮机清干净。

（2）地毯铺法：分不固定式与固定式两种，按铺的面积分满铺与局部铺两种。经常要把地毯卷起或经常搬动的场合宜铺不固定式地毯，将地毯裁边黏结拼缝成整片，直接摊铺于地上，不与地面粘贴，四周沿墙脚修齐。对不需要卷起且在受外力推动下又不至隆起的地毯，如走廊前厅等场合可采用固定式铺法，将地毯裁边黏结拼缝成整片，四周与房间地面用胶黏剂或带有朝天小钩的木卡条倒刺板将地毯背面与地面固定，再铺设上，如图 4-56 所示。

图 4-56　地毯

（三）胶黏、漆饰及五金材料

1. 胶黏与漆饰材料

胶黏与漆饰材料是商业空间设计中的重要材料。例如，万能胶就是一种用途广泛的黏结剂，其主要成分是氨丁胶与酚醛树脂。两种主要成分溶解在有机溶剂和其他稳定剂中经调配而成，外观呈淡黄色液体。万能胶黏性强、抗拉性好、耐水、耐热、耐酸碱，但挥发性强、易燃、有刺激性气味，用于黏结防火板、木板或皮革等。

近几年，随着商业空间材料品种的增加，由国外传入的石材粘贴新工艺材料——石材胶被使用，这种黏结剂施工简单，操作方便，解决了传统的固定方式。

商业空间专用胶水，无强刺激性气味，用途广泛、无腐蚀性。1—8 号胶水，可以用于金属、皮革、木材及玻璃材料的黏结；10 号胶水，可用于硬质泡沫塑料、海绵等材料的黏结；2 号可用于丝网印刷的定位；75 号胶水用于商业空间现场临时黏结、修补或版面排版拼图；72 号胶水用于黏结苯板或户外广告和装饰等。

商业空间漆：户外用丙烯酸乳胶漆、各色真石漆，丙烯酸闪光烘漆、膨胀型（p40）乳胶防火涂料、聚醋酸乙烯乳胶漆、喷塑涂料。

另外，胶水钉或压敏胶黏剂是一种新型强力万能胶，可替代传统的图钉及钉子，将不同材料的字体、照片、图表或喷绘黏接在任何材料上，而且不损伤展板表面。

2. 新型商业空间五金类材料

（1）钉类。传统用于木质结构连接的钉类主要有圆钉、麻钉、自攻螺钉、抽芯铝铁钉、广告钉等。如在商业空间设计中大量使用的射钉和金属膨胀螺栓，它们最明显的特点是施工方便，操作灵活，如图 4–57 所示。

图 4–57　广告钉

（2）展具暗铰链。展具暗铰链普遍用于各种展台、展柜的橱门连接，实用方便，安装快捷，其优点在于将柜门开合和扣紧柜门于柜框上的两种功能合于一身，从而使柜门不易松动错位。

（3）柜门磁吸。用一般合页安装的柜门都不能使门关紧，过去都常用磁珠石来解决，嵌装时位置准确性要求高、工序较烦琐，又不耐用。用新型五金柜门磁吸作为柜门碰紧装置，可以解决碰珠等柜门的弊病。

（4）万向轮。适宜经常性活动的商业空间道具组合设计，如展台、展具、服装台等，该轮具有 360° 摆向，承受力达 100~250 kg。

（5）吊轨。吊轨有吊轮和轨道组成，多应用于玻璃展柜。轨道由轻钢板制成，采用暗装或明装两种形式。

（6）活动货角架。活动货角架由一条支柱和一只支架构成，支柱上有许多可调节高低的 T 字形孔，支架尾端有两个突出的 T 形钩，安装方便，便于拆卸，可用于各种活动展架中。

由于商业空间设计中所涉及的材料与技术要求很多，难以用一种材料同时满足各方面的需要，因此，不同场合应选择相应的材料，把各种材料很好地结合在一起，并且又能够体现设计者的艺术构思，这就有待于设计师通过实践来加以掌握。

第四节　照明系统设计

一、商业空间照明设计

商业空间照明设计是为了满足人们购物时对商业空间照明提出的要求。这既是购物者的视觉生理的需要，又有利于突出商品，从而达到最佳的商业空间照明效果。光是人观察事物的基础，是一切物体被视觉感知的前提。光不仅是满足人的视觉功能需要和照明的主要条件，也是创造空间、美化空间环境的基本要素。光可以构成空间、改变空间、美化空间，但光的功能处理不好也能破坏空间。在商业空间设计中，照明处理的好坏，直接影响到商业空间设计的效果，对人的购物心理和感情起着非常重要的作用，所以对采光和照明的设计尤为重要，如图 4–58 所示。

图 4–58　照明的作用

（一）自然采光和人工采光

采光的形式通常可分为自然光源和人造光源两种主要类型。

自然光源是以太阳光为主要光源所形成的光环境。它是利用地球自转与太阳的光照而形成光线的自然变化，是照明设计中采用的一种主要光源，故被称为自然采光（图 4–59）。由于自然采光有不同时间的变化，光线的移动变化常常影响物体的视觉效果，难以维持恒常的光照质量标准，因此，对于商业空间照明来讲，一般很少完全以自然光源作为主要照明形式。

人工采光（图 4–60）可利用各种发光的灯具，根据人的需要主动调节、安排和实现预期的商业空间照明效果，其最大的长处即是可随意处理灯光照明效果并具有恒常性，这是自然采光无法做到的。因而在商业空间照明设计中，一般以人工采光作为塑造商业空间光环境的主要手段。人工采光照明器具主要有白炽灯、荧光灯、水银灯等类型。

图 4–59　自然采光

图 4–60　人工采光

（二）常用照明光源和灯具

商业空间的照明器具主要有以下几类：一是直管型荧光灯，用在展柜内或展厅顶棚上；二是紧凑型节能荧光灯，主要用在展厅天花、挑檐下部，当然也可用在展柜中；三是混光型射灯，主要用来照亮主要商品、商品展示柜和突显某件商品；四是可调式地灯，主要用来照射背景和后面的展品；五是装饰性照明，像霓虹灯、光导纤维、激光器、霓虹胶管、塑管灯带和隐形幻彩映画等皆是，如图 4–61 所示。目前流行的 LED 灯也成了商业环境照明设计的新宠。

图 4–61　装饰性灯具

（三）商业空间照明设计的基本原则

第一，商业空间陈列区的亮度要充足，一般情况下陈列区的照度比购物者所在的观看区域的照度要高。

第二，要避免眩光，照射光源不能裸露，灯具的照射角度要适当。

第三，根据各类不同的商品特点，选择不同的光源、光色、型号，避免影响展品的固有色。

第四，选用不含紫外线的光源，要确保展品安全；注意防爆裂，避免发生意外事故。

第五，商业空间照明布线要严格按规范安全布施，注意防火。

图 4-62　基本照明

（四）商业空间照明设计种类

1. 基本照明

基本照明（图 4-62）是指整个商业空间的平均照明。基本照明的灯具比较固定，一般是商业空间场馆的配套设施。它的特点是没有明显的阴影，易于保持商业空间的整体性。

2. 层次照明

层次照明（图 4-63）是种特殊的效果照明，在商业空间中，为了创造特定的气氛，可采用这种照明方式把商业空间分出一个或多个层次照明，有层次、虚实、主次的变化。

图 4-63　层次照明

3. 重点照明

重点照明（图 4–64）在商业空间照明设计中是经常采用的一种方式。在商业空间中往往需要突出某主体或局部，可把灯具集中在特定的部分进行照明，重点照明可按需要对光源的色彩、光的强弱、照射面的大小进行合理调配。

4. 立体照明

立体照明（图 4–65）在商业空间中的应用非常广泛，它是将分组光源组合后实行的照明，创造出立体的照明效果，营造一个具有丰富层次的空间。立体照明能够创造多彩的虚实空间，富有奇特的效果。

图 4–64　重点照明

图 4–65　立体照明

5. 气氛照明

气氛照明又称装饰照明，这类照明并非直接显示展品，而是用照明的手法渲染环境气氛，创造特定的情调。在商业空间内可运用泛光灯、激光发生器和霓虹灯等设施，通过精心的设计，营造出别致的艺术气氛。装饰照明是指用灯光作为装饰手段，不是针对具体展品的灯光照射，而是对商业空间造型进行艺术的布光，更好地表现商业空间造型的形体特征和艺术效果，使商业空间环境更具艺术化，如图 4–66所示。

（五）商业空间设计照明程序

根据商业空间设计的特点、商品陈列形式等设计因素，更好地利用商业空间照明设计创造最佳氛围是商业空间照明的基本任务。

第一，对商业空间环境全面了解和掌握，明确商业空间照明设施的用途和目的，确定商业空间照明设施的功能。

第二，根据商品陈列的内容形式需要，确定适当的照度分布，根据活动性质、商业空间环境及视觉条件选定照度标准。

第三，考虑视野内的亮度分布，注意展品与展墙之间的照明与色度对比，同时把握好光的方向性和扩散性。

图 4–66　气氛照明

第四，选择商业空间照明方式。照明方式有直接照明、半直接照明、间接照明、半间接照明。根据功能选择配光和亮度、灯具的形式和色彩，并和商业空间整体设计相协调。

第五，制订照明器具的布置方案。

第六，对吸收电器的技术设计。包括电压、电源、光源与照明装置等系统图选样，配电盘的分布，网络布线及铺设方法。

二、商业空间光造型原则

在商业空间照明设计中，除了要注意色温、显色指数、照度、亮度的正确选择外，在照明的实际运用中，还应注意诸如投光方向与立体感的塑造、反射与眩光，展品的变色变质、通风散热等诸方面的问题。

（一）投光方向与立体感塑造

投光方向（也称照射角度）同立体感的塑造直接相关。在照明领域里，“造型”这个词表明了三维物体在光照射下所呈现的某种状态，这种状态主要是由光投射方向及直射光和漫射光的比例决定的，如图 4–67 所示。

图 4–67　投光方向与立体感塑造

在商业空间设计中，展品的立体感由受光正面与背面的明暗差形成。如果照度明暗差过小，造成的阴影很弱，则给人平淡无奇之感；若照度差距过大，阴影对比过强，反差太大，也会使人感到不舒服。所以，恰当的明暗反差比应在 1 ∶ 3 ~ 1 ∶ 5，如图 4–68 所示。

美妙的立体感还必须以能取得适合的照射角度为条件。从照明区位分布来看，照射角度可分为顶光、底光、顺光、侧光、逆光等。顶光是自上而下的采光，类似夏天正午的日照光。光线造型较差，上部陈列的展品会投下大片阴影，凹凸的形态也会被阴影分解得支离破碎，如图 4–69 所示。底光也可称为脚灯，是自下而上的照明。这种光线不可作为主光源，多作为补充光源使用。顺光是来自正前方的光照，投影较少，商品的形象能得到正常的显现。但深度感和立体感较弱，商业空间效果易显平板。侧光投影明确，立体感强，但受光和背光面积分割相近，亮暗对比生硬，不易较好地展现商品形象。逆光主要用于显现有魅力的轮廓，故又称“轮廓光”，在商业空间陈列中较少使用，但处理得好也可以创造出奇特的灯光效果。

图 4–68　光的反差

图 4–69　顶光的运用

一般而言，在光的造型中，通常的手法是将光线置于物体的前侧上方，使受光与背光面积的比例在 1 ∶ 3 ~ 2 ∶ 3，不仅能取得较好的明暗面积对比关系，也能使投影明确，层次丰富，立体感强，较完美地展现物体的形象，如图 4–70 所示。

在投射方向和照射角度的运用中，要根据具体物体的状态、结构和陈设的需要来进行选择，以取得最佳的形象效果。对于一些平面性较强、层次较丰富、细节较多、对于一些平面性较强、层次较丰富、细节较多的展品来说，可利用方向性不明显的漫射照明或交叉性照明来减少投影，淡化阴影，消除阴影造成的干扰。

另外，光的造型效果可通过主光、辅助光、装饰光、造型光、气氛光等不同的照明配光方式，取得诸如高长调、高中调、高短调、中长调、中中调、中短调、低长调、低中调、低短调和明暗对比达到极致的全长调，以及诸如鲜调、浊调、暖调、冷调等调式。

当然，光造型的应用不仅是个技术问题，更是艺术问题，应根据商业空间所需要的光效果来进行具体运用。

图 4-70　前侧上方的光的运用

（二）避免眩光

眩光是影响商业空间照明质量和光环境舒适性设计的主要因素之一。它是由于在时间位置上、空间上的不适当的亮度分布、亮度范围或极端对比等情况，所造成的视觉不舒适或知觉度降低的一种视觉现象。

就其对视力的影响而言，眩光可分为不舒适眩光（又称为心理眩光）、失能眩光或减视眩光和失明眩光（又称生理眩光）。就其形成方式而言，眩光又可分为直接眩光、反射眩光、光幕眩光，亮度对比所形成的眩光和明度适应不足形成的眩光。

例如，直接看到照度高的人造光源，其亮度太高形成直接眩光；镜子或玻璃将光源反射到人眼中，形成反射眩光；因漫反射造成的不能看清光源和物体的光幕眩光或光帷眩光；商品的亮度与周围环境对比过大形成的眩光等。在商业空间陈列的人工照明中，眩光主要是直接照射在物体上的灯光，或者是反射到物体上的强光，这种灯光与背景形成了反射角，它常使人看不清楚商品，破坏了整个商业空间的视觉感。

为了提高照明质量，保证商业空间陈设的最佳效果，保护视力，就必须设法控制眩光。常用的方法是首先要限制直接眩光，如采取遮挡措施，避免光源裸露，或控制光源亮度、减少眩光源面积，增大眩光源与视线的角度，减少背景与物体的亮度对比等。其次是限制反射眩光，调整光源的位置和灯的照射角度与各种物体间所形成的反射角关系，或采取遮挡，改变灯具与商业空间面的相对位置，或增加光源数量，改变分割商业空间面的材料反射特性，消除反射光对人眼的投射。

三、商业空间照明的应用与安全要求

（一）商业空间照明的应用

1. 陈列立面与商品照明

陈列立面与商品的照明多采用直接型照明方式，一是采用日光灯和射灯，保证光线至画面的投射角度不小于 30°，以便使照度均匀；二是在陈列立面或货架的顶部设灯檐；三是利用与展架配套的带轨道的射灯照明，灯位与投光角度可任意调节，如图 4–71 所示。

在陈列立面的前上方也可安装定点照明或重点照明，定点照明的照射角度为 35°，有效射角是 30°，展柜上照度最佳高度是从地面起 45~150 cm。重点照明的投光角度是 35°，有效射角是 45°，最佳的重点照明高度是从地面起 90~120 cm。

2. 顶棚与灯檐的照明

灯棚吊顶往往作为商业空间中的整体照明，常用石膏板、阳光板、铝塑板、轻钢龙骨、铝合金等材料制作，或者用发光技术做灯檐，或者沿四周顶部加设灯檐，既可照亮棚顶又可照亮墙面。灯檐可全部用透光材料，也可局部使用透光材料或不透光材料。如图 4–72所示。

3. 展柜的照明设计

展柜的亮度起码应该是基本照明的 1.5~2 倍，重点商品与高档商品的展柜亮度则应是基本照明的 3~4 倍。要注意解决好展柜内的通风散热问题，一般采用自然散热。在

图 4–71　陈列立面与商品照明

图 4–72　顶棚与灯檐的照明

图 4–73　展柜的照明

低矮商品展柜的底部也可以装灯。透过磨砂玻璃照亮展口，造成轻快感和透明感，或者在展柜上框边角里安装下照光源，既照亮商品又可避免暗光，如图 4–73 所示。

4. 展台照明

商业空间展台的照明方式有两种：一是在商业空间上部架设吊灯；二是在展台上直接安装射灯。

5. 灯箱照明

商业空间设计中用的灯箱因用途不同、功能不同，它的大小形式也不同，种类有很多，有立体灯箱、活动灯箱等。不论什么灯箱在设计布光时都应注意以下要求：

（1）布灯要均匀，保持亮度一致。一般内置日光灯与灯箱画面应保持 15 cm 空间，这样才能达到布光均匀的要求。

（2）灯箱设计要考虑维修方便。可随时调换灯箱内的灯具。

（3）注意防火。灯箱制作尽量采用阻燃材料，接线要符合规范标准，要注意通风散热。

（二）商业空间照明的安全要求

电气设备安装应符合国家标准中的有关技术规范要求。

所有电线均应使用双层绝缘套钢线，绝缘强度应符合标准。电压不同的线路要分开铺设（动力用电与照明用电应分开，每路电源都应分别装设保护装置），不得超负荷用电。

金属和外部分金属结构的货架、展台及人身体能接触到的电器设备要有可靠的接地保护。

电源变压器一、二次进出线均要有保护装置，线路要铺设整齐。线束直径不得超过 2 cm，变压器材须安置于阻燃支架式台板上。

商品展区的照明严禁使用未加有效保护的高温灯具。

第五节　导视系统设计

现代商场的视觉识别系统从功能上划分，包括商场的企业形象标志（VI）、商场的交通指示标志、商品指示标志、整体促销与广告等。其中商场的企业形象标志不仅反映在商业建筑上，如招牌、匾额，也融汇于商业建筑空间及其服务设施上，如服务台、收银台、购物袋、店员的服装、商场宣传册等。交通指示标志用于指引通道路径，标明电梯、楼梯、卫生间、紧急出口等位置，应简单明了、易识别。商品指示标志包括商品部门楼层分布指示图、各品牌 LOGO、品牌商品促销广告、商品价签等。整体促销与广告，包括商场根据季节、节日等安排的临时性促销活动的海报、吊旗、吊牌等。

从标识的空间造型上分，可分为二维标识、三维标识、四维标识。二维标识包括各类宣传册，商品的价目卡等所有平面类图文标识和宣传品；三维标识包括台架式 POP 广告、灯箱、招牌、匾额、吊旗、吊牌等；四维动态标识包括大型滚动电子显示屏、转动的灯箱、多媒体互动展台等。

LOGO 是现代商业环境中必不可少的视觉导购。消费者可根据 LOGO 的引导迅速找到价位、款式均适合的商品。那么 LOGO 的确切含意是什么呢？企业识别系统 CIS（Corporate Identity System）由企业的理念识别 MI（Mind Identity）、行为识别 BI（Behavior Identity）、视觉识别 VI（Visual ldentity）和听视觉识别 HI（Hear ldentity）组成。其中视觉识别 VI 中的文字标识称为 LOGO。目前的商业环境中大都以 LOGO 作为装饰元素，一方面树立商家的企业形象，另一方面美化商业环境。但是，由于 LOGO 的大小不一、造型各异，色彩纷呈，材质、厚度各不相同，往往会破坏商场环境的整体性，造成视觉上的污染和混乱。在 LOGO 的运用上需要有节制的表现、定量的含蓄，在统一中寻求变化。

POP 广告是许多广告形式中的一种，它是英文 POINT OF PURCHASE ADVERTISING 的缩写，意为购买点广告，简称 POP 广告。它大致分为四种：一是悬挂式 POP 广告，二是商品的价目卡、展示卡式 POP 广告，三是与商品结合式 POP 广告，四是大型台架式 POP 广告。POP 广告的概念有广义的和狭义的两种。广义的 POP 广告的概念，指凡是在商业空间如购买场所、零售商店的周围和内部，以及在商品陈列的地方，所设置的广告物，都属于 POP 广告。如商店的牌匾，店面的装潢和橱窗，店外悬挂的充气广告、条幅，商店内部的装饰，陈设、招贴广告、服务指示、店内发放的广告刊物、进行的广告表演，以及广播、录像、电子广告牌、广告等。狭义的 POP 广告概念，仅指购买场所和零售店内部设置的展销专柜，以及在商品周围悬挂、摆放与陈设的可以促进商品销售的广告媒体。POP 广告起源于美国的超级市场和自助商店里的店头广告。1939 年，美国 POP 广告协会正式成立，自此 POP 广告获得正式的地位。20 世纪三十年代以后，POP 广告在超级市场、连锁店等自助式商店频繁出现，于是逐渐为商界所重视。20 世纪 60 年代以后，超级市场这种自助式销售方式由美国逐渐扩展到世界各地，所以 POP 广告也随之走向世界各地。POP 广告只是一个称谓，但是就其形式来看，在我国古代，酒店外面挂的酒葫芦、酒旗，饭店外面挂的幌子，客栈外面悬挂的幡帜，都可谓 POP 广告的鼻祖。POP 广告具有新产品告知、唤起消费者购买意识、取代售货员、创造销售气氛、提升企业形象的功能，适应面比较广。

除了上述各类标识以外，还包括各种环境标志（无障碍标志）、辅助的图表、指示图等用以向顾客明确商业空间的总体布局、商业空间与功能构成、服务及商品分布等内容的标识。视觉标识的设计应简洁、明确、美观大方，其色彩、材质、字体、图案与整体环境统一协调，并应与照明设计相结合。现代大型商场通常是每层设标准色，每层的色调统一。在每层的商品区域命名上也是体现时尚潮流，以往的“女装”“男装”“家居饰品”“电器电讯”已被“青春约会馆”“名媛时尚”“绅士精品”“都市魅力馆”“E国时代馆”等取代，虽然商品结构变化不大，但典雅别致的名称对商场文化品位的提升大有益处。

第六节　商业空间展示道具设计

在室内空间的艺术设计中，人是空间的主体，所以空间的形成过程也就是人造空间的形成过程。人为了使空间适应本体而进行设计工作，然而，人并非孤单地生活在他所营造的空间里，人和各种自然物构成了纷繁的社会生活。空间是人的空间，同时也是物的空间，这就有了由空间、人、物体共同形成的复杂关系，即空间与空间、空间与人、空间与物体、人与人、人与物体、物体与物体之间都存在某种关系。其中，人与空间、人与物体的关系正在努力地创造和谐，而物体与物体的关系还远不和谐。

商业环境的三大要素是：人、环境和商品。人对生活的需求决定了商业环境的发展及商品的发展，商品不断地发展变化同样也对商业环境形成影响。本节我们把研究重点放在了商业环境主题的发展规律上，这样我们就得到了切入问题的两条思路：人和商业环境，人—商品—商业环境。已往有关商业环境的研究侧重于讨论人对环境的影响，而忽略了商品对于商业环境发展所起的作用。本节希望在这一点上有所弥补，能够以更全面的视角对商业环境进行分析和研究。商业空间是承载商品的容器，是人与物之间信息互动的桥梁，是赋予商品生命的有机容器。它将商品最有光彩最美丽的角度展现给顾客，吸引人们对商品的兴趣。它为商品提供最闪亮的舞台，在视觉有效范围内上演最辉煌的瞬间。商业空间是提供物与人交流的媒介，使物与人有了新的关系。在商业道具的研究中我们提出“物体工学”的概念，所谓的“物体工学”是针对“人体工学”而言的。由于以往的设计大多是以人为中心开展的，提倡“以人为本”，而“为物造物”常常被忽略。典型的问题多出现在商业空间的道具设计及对商品陈列的设计中。正如我们前面所说过的那样，商业空间的重要魅力所在就是因为具有多变的特性。而这些特性被反映在这个空间的各个方面，有品种繁多的商品和即时变化、穿流其中的各色人群，当然作为商品直接承载者的商业道具的变化更加完整地体现了商业空间多变的个性。

一、柜台货架

商业环境中不可或缺的就是柜台、货架，我们把它们统称为道具。在电影的拍摄中配合表演用的器物，如桌子、椅子、纸烟、茶杯等叫道具。在商业室内环境中柜台、货架、试衣间、景观小品及供顾客休息的座椅等被称之为商业环境的“道具”。这些“商业道具”不但具有陈列和展示商品的功能，还有美化商业环境、增强商业主题的功能。如果说香水瓶是盛载香水的容器，柜台货架就是盛载香水瓶的“容器”，而香水店则是盛载柜台、货架、消费者及店内空间中一切物品的“容器”。在逐级递增的“容器”系统中，柜台货架是联系商品、商业空间和消费者的纽带。随着商品展示方式的不断变化，柜台货架的形式也相应地发生变化，由功能单一的容器逐渐向装饰品转型。目前不少柜台货架都根据商品的特征与定位选择合适的造型，如 SWATCH 品牌休闲型高级手表的陈列货架与它商品的前卫、独特的定位相呼应。手表形的展示陈列柜强化了所售商品的特征。造型独特的柜台货架无疑会营造趣味，有助于强化商业环境的主题，但应适度，不要喧宾夺主，以突出商业空间的主体——以商品为目的。精选经营的主要商品、重要商品进行陈列，并根据消费者的兴趣和时令的变化，把热门商品或新推出的商品摆在显眼的位置上，不但能给消费者一个经营项目的整体形象，促进顾客对企业经营范围和特色的了解，而且也在一定程度上表达出企业的经营宗旨、经营政策。商品陈列之要件为易看、易摸、易了解、易拿、易整理及丰富感。

商品陈列的基本形态有：（1）专柜式陈列通常适合面对面销售的店铺，使用玻璃橱柜展示高级品、贵重商品。（2）裸陈列以数量销售为主的商品，陈列于货架上，让顾客自由选定。（3）挂架式陈列以陈列服饰类为主。（4）平台式陈列能表现商品价值感，顾客较易选择，商品也较易整理。（5）样品装饰陈列以展示促销品及主力商品为主。除了普通商品的陈列外，商家通常采用小展台的方法陈列在特定时期所推出的重点商品。

一个展台的产品太多容易使消费者感觉混乱不知道聚焦何处，最有效的办法就是给展台找一个个性鲜明的“队长”，把它放在大展台之外独立的小展台上做展示，这个“队长”不一定是新品，只要经过充分的包装拿出来即可，让它站在展台的最突出位置，作为其他商品的“队长”，统领后面展台上的排队的“队员”。展台上的每一款产品都有做“队长”的机会，促销员会突出“队长”，带动展台上“队员”的销售。当然，有一点需要注意，展出商品的良好效果不仅来自其别具一格的布置设计，更取决于给观赏者留下充裕的观赏空间。柜台货架的设计，在我国的商业空间研究中一直是空白，由于不同商品的柜台货架千差万别，即便是同类型商品的陈列，手法也是多种多样的。因此，为了全面详尽地介绍柜台货架的设计方法，本小节根据不同的商品类型分类逐一进行详述。商品的分类如下：

化妆品：彩妆、洗护、香水

金银珠宝：黄金、白银、铂金、钻饰、翠、玉、玛瑙

工艺礼品：陶瓷、景泰蓝、书画、古玩

钟表：手表、座钟、挂钟、闹钟

皮具：旅行包、提包、手袋、钱包

鞋类：皮鞋、休闲鞋、旅游鞋、运动鞋、布鞋、凉鞋

食品：糕点、糖果、小吃、烟酒、生猛海鲜、熟食、粮油、蔬菜果品、医药

服装：男装、女装（少女装、淑女装、孕妇装）、儿童服装、中老年服装、休闲装、运动服正装、衬衫、领带、裤子、皮草饰品、丝绸、针织（内衣、睡衣、文胸、手套、毛巾、帽子、丝袜、家居服、手帕）

家电："白电"（洗衣机、冰箱、空调）、"黑电"（电视、录像机、摄像机）

电信：电话、手机

音响器材：家庭影院、VCD、DVD、MP3、录音机、WALKMAN

厨卫：抽油烟机、热水器、电饭锅、喷淋

照相器材：光学相机、数码相机

其他：电动剃须刀、电动牙刷、电热加湿器、电熨斗

以上分类仅供参考。商家对于不同商品的分类，在不同的年代、不同的地域，分类方法是不断调整和变化的，因此并不唯一。

（一）化妆品

如果说服装区是商业环境中的散文，化妆品岛就是用材料、灯光谱写的抒情诗，是商业道具海洋中最闪亮的珍珠。它以最具女性化、最绚丽的姿彩独领风骚，引人流连驻足。

由于商品本身利润高，顾客定位主要为高消费层，厂家非常注重为企业与产品塑造形象，因而，在形象柜的设计加工上往往投入大量的人力与资金。按单位面积造价来讲，化妆品形象柜高于其他类型道具十几倍，投资之大、工本之高、设计之精、工艺之细，可谓商业环境道具设计之最。化妆品的柜台货架各有不同，难以一言以蔽之。就尺度而言，前柜玻璃柜台高以 95 cm 为宜，展示台高度不限，但不能遮挡后背高柜。高柜总高度通常为 2.5 m，其中灯带高度为 2.1 m。视觉效果最美的是香水展柜，从纯度极高、色彩艳丽的香水本身，到别具特色的香水瓶造型，到自由流畅形象柜，通过优美悦人的视觉形象引导、暗示嗅觉的馨香宜人。香水柜的光环境是设计的重点，设计师非常注意它的光导作用，顶部筒灯打光，底部做发光底台，发光背柜制成精美的灯光背景。灯箱片也非常考究，每一幅画面都是一幅完美的艺术摄影，并以此树立商品与企业的形象。从用电量的显示来看，一般商品 20 m^2 左右的空间耗电量 0.6~0.7 kW · h，而化妆品区消耗量达 4~5 kW · h。一般不采取直射的光线，而是通过一次光源的掩映、折射，使光线柔和化，创造梦幻般的浪漫情调。在材料的运用上，以亚克力（一种装饰材料）光洁的表面衬托商品的晶莹清澈。彩妆的品种繁多，在设计上注重功能及多样化的展示。洗护用品也以丰富的光环境表现商品的物理感觉。

就近几年的发展趋势而言，化妆品岛在设计风格上呈现出以下特点：第一，以简洁明快、开放式的自由空间为主体，多用流动的曲线造型，富有节奏感；第二，以灯带、底柜、后背柜围合成唯美的子空间；第三，提供人性化的服务空间，以周到的服务增

加营业额。

化妆品区一般位于商场的首层入口，是步入商厦的第一印象。因此常以国际知名品牌化妆品群落绕柱岛状分布其间，走道宽阔、导向系统显著、高照度能提高商厦的购物气氛和商业环境，周边设置国产品牌化妆品和护肤知识指导与演示区。环境设计力求以生动而令人喜悦的色彩、舒展而流动的造型招徕消费者。

从设计风格上讲，大部分新款化妆品常采用现代主义与后现代主义简洁凝练而又不乏细部的装饰特点。一部分老品牌则采取洛可可式的装饰风格，如 CD 香水以宝石蓝和金色作为形象柜的主要色调，以考究的线角和滚珠镶边的椭圆形镜框为装饰元素，以传达洛可可式的贵族气质。

（二）金银珠宝

“玉碗盛来琥珀光”，“藏银不如藏金，藏金不如藏珠”，“为一渺小之物，而费盈千累万之金钱”，这些都是对黄金珠宝的真实写照。它不仅是财富的象征，是每个家庭的收藏品与传家之宝，还代表它的拥有者的身份、地位、情趣、品位。

对黄金珠宝进行展示的艺术设计，首先要深刻地认识黄金珠宝的商品特性、交易方式和历史文化特点。作为人类最早的装饰物品之一，黄金珠宝与人类的发展进程一起前进，从未停止过。昂贵、体积小、装饰性强、商品人文性强、色彩亮丽、耐消耗等优点赋予了黄金珠宝作为财富象征的功能。

金银珠宝按其商品自身特点总体上可以分为两大类：代表传统文化的黄金、白银、玉、翡翠和代表流行时尚的钻石、白金。钻石具备双重属性，既有时尚性，又有恒久性。它的时尚性体现在戒指、项链等饰品不断翻新的款式上，以都市年轻人为主要消费对象。黄金类的商品则给人以传统、古典、文化底蕴深厚之感，以中老年人为主要消费对象。黄金装饰品在造型上以回归传统的文化与生活为主，如中国十二生肖、龙船、狮子滚绣球等。与之相应，黄金珠宝商品区在设计风格上也以复古为主要手法。我国常以九龙壁、藻井等古典纹样为设计符号，欧美则以壁龛、柱头、精致的线角、暖灰色的石材为主要装饰元素。古典、高贵的装饰风格的实现是以高投资和制作过程中加工的高难度为依托的，而这些似乎也正是厂家刻意追求的。以厚重的风格体现商品的历史价值，用古典符号彰显真实、诚信、优质，给人以童叟无欺、货真价实之感。商家通过对环境的苛求并以无可挑剔的装饰、细部考究的设计体现商品的价值。

金银珠宝商品区在设计上更注重客流引导，以及环境对消费者的隐喻暗示。从售卖方式上讲，由于商品的价值高，选购所需时间长，在购买过程中还要体现商品的相关知识性与文化内涵。从灯光照明上讲，强调照度特别是近光源、中光源，使色温偏暖，并在柜外设灯带。从空间布局上讲，一般采用前台后柜即前柜作展台、后柜作形象宣传的方式。前台矮柜高度为 95 cm，进深为 60 cm，展示柜不限，高柜的高度一般为 2.7 m，高柜上方可封合，做 LOGO。珠宝矮柜上方通常做灯带，以加强照明，灯带下口高度为 2.2 m。比较而言，发达国家在空间利用上多展示商品，不发达国家则多做企业宣传。

总而言之，通过环境衬托物的价值，从而实现增值，使商品的质量与价位相符合，以商品的特征决定商业环境装饰风格的特征。商家的准确定位与设计师的精心设计使环境本身具有权威性和说服力，用环境树立商品形象是现代商业环境艺术设计的立足点。

（三）钟表

计时器的起源可以追溯到原始社会，最早古人以潮起潮落、星月变换等自然现象来粗略划分时间，随后又以水滴、沙粒的流动与香烛的燃烧来划定较小的时间单位。真正脱离自然力量以齿轮的运转来计时的钟表是工业社会的产物，它的发展与机器制造密不可分。

钟表可分为手表、怀表、座钟、挂钟、闹钟等几大类，其中手表以其实用性广、工艺精细、款式繁多而在钟表类商品中占有重要地位。手表按消费对象可分为男表、女表，儿童表、情侣表、学生表等；按工作原理可分为电子表和机械表等；按功能要求可分为时装表、休闲表、军用表、运动表、戒指表、纽扣表等多种类型。就价位而言，从十元、八元物美价廉的时装表到几十万美元具有收藏价值的劳力士，一应俱全，供社会各阶层人士选购。座钟和挂钟常在文学作品中代表一种腐朽、没落的生活印记，比如《围城》中那座越走越慢与生活越来越不合拍的老挂钟。随着手机的功能不断增加，闹钟很难以单一的功能征服市场，往往以鲜艳的色彩、卡通式的可爱造型，以玩具加闹钟的双重身份锁定中小学生。钟表的功能不断拓展，与收音机、台灯、电脑等组合成多功能产品。钟表发展至今不仅是一种计时器，更是一种装饰品，具有很高的审美价值。商品类型的不断细分，款式的千变万化，价位档次之多，体现工业制造业的发达和整体设计水平的精益求精。如今，作为艺术品、礼品、纪念品的钟表具有极强的时代特征，体现商品文化的丰富内涵。

高档的钟表在材料的选择上，以高强度耐磨损的合金、金属烤漆制成永不磨损的表壳，永远光洁如新。与之相应，其展示环境也格外考究。首先，以人体工程学为基础，不同高度商品陈列的视觉角度也各不相同，为商品提供最闪亮的舞台，将商品最有光彩、最美丽的角度展现给顾客。其次，现代钟表店的展示呈现小型博物馆化、博览会化的趋势。从空间布局上讲，一般以矮柜陈列商品，高柜则作为灯箱树立商品形象，矮柜、高柜有机结合相互呼应、空中连接，围合成整体空间，设计细致入微，以求烘托商品文化内涵，表现当代陈列艺术。钟表类商品由于自身体量精巧，展柜造型更自由，设计师发挥的余地更大，常根据表的定位做造型组合或小景观，如凯旋门、埃菲尔铁塔。更有以鱼缸注水，在水下展示商品，替顾客考验表的防水性、耐久性。设计师以精心设计塑造精美的消费环境，让人流连忘返，隐喻商品非凡的价值，这也正是经营者通过塑造环境提升商品的品质，为消费者营造优雅的环境的表现。

（四）女装

女装的流行款式变化多端，吊带衫、打底衫、纱裙、花衣、中式服装、低腰服装等让人眼花缭乱。

女装的整体环境多用白色、无色，以高调、明亮为主导，对商品的显色率高。空间造型多用曲线，富于变化，在统一的整体风格中寻求变化。比较而言，男装区的装饰风格庄重、挺拔，女装区则以柔美塑造有女人味的抒情空间。

女装道具制作要求突出品牌形象，风格根据品牌及产品确定，色彩与形式可多样并存，要求高档时尚，极富女性特征。现代商业道具形态趋于简洁以衬托商品，功能灵活多为可调整式，既满足冬季挂大衣又方便夏季挂短裙。试衣间多利用柱子，可以减少视线遮挡，通常试衣间的空间较小，试衣镜在外，因为试衣本身就是一种模特表演，顾客是最好的模特，展现动态的美和活力。服装的陈列与展示，除了协调服装自身的色彩搭配外，还要注意不同定位的服装，陈列方式也各不相同：普通的服装采用侧挂，款式新颖、板型好的采用正挂，主打、热卖的商品用模特，尤其是穿在店员身上或者顾客正在试穿的衣服更具有诱惑力，"活的模特"的运用更易营造商业气氛，体现现代商业文化。

模特也是现代商业环境中一道靓丽的风景线。在女装区里，模特身上的服装都是最新、最美、最热卖的款式。由于模特自身的景观特性，对环境的气氛创造起到画龙点睛的作用。和 LOGO 一样，不加限制地肆意运用会带来负面的视觉污染。因此，在模特的投放数量、摆放的位置、角度、材质与色彩的选择及模特的形象特征（抽象模特、具象模特）上都需要商家对厂家的综合引导，统筹控制，服务于整体设计，以实现女装商品区整体环境视觉的统一和谐。

在商业寸土寸金之地规划整体楼层的视觉筹划点，也是女装区的特色之一。在商场重要的交通路口设重点展台，集中展示品牌中最优秀的产品。该展台不属于某个厂家，而是经商家统筹规划，通过整体的构思，生动、富于灵性的设计，随着时间和季节的变化，体现活泼、有情节或者抽象、有雕塑感的景观，将展示商品的活动舞台注入生命活力，在静态的卖场中创造活跃的气氛，带动全场销售。

在整体商业空间的布局中，中区和边区在商品档次、空间环境的侧重点上各不相同。边区经营大品牌商品，有较强的独立性，又不同于购物中心中的专卖店，它更开敞、更流动。而价格低廉、销售量大的二、三类商品往往放中区，二者之间有明确的通道，形成良好导购作用。中区和边区既有差别又有联系，二者的组合相互映照、相互陪衬，形成有机整体。就道具尺度而言，边区靠墙高柜为 2.4 m，2.4 m 上方封合，可做 LOGO。两个品牌店之间邻界高度为 2.4 m，2.4 m 上方不得封合。品牌店店内挂衣架高度自定，模特台及陈列形式自定。女装中区矮柜高度为 1.35 m，局部可做 1.5 m。

POP 广告的作用，也不容小觑，在我们这样一个商品无比丰富的时代，人们越来越需要借助消费来凸显自己的个性。对个性的过度追求，使得我们这个时代的人们同时变得过度自我关注和自我投入。因此个性化的服装与个性化的装饰手法，成为时尚商业空间的主要趋势。

（五）男装

男装道具制作要求突出品牌形象，风格可根据产品确定，色彩与形式可以多样并存，要求时尚高档。边区靠墙高柜为 2.4 m，2.4 m 上方封合，做 LOGO。两个品牌店之间邻界高度为 2.4 m，2.4 m 上方不得封合。品牌店店内挂衣架高度自定，模特台及陈列形式自定。男装中区矮柜高度为 1.35 m，局部可做 1.5 m，男装中区包柱及试衣间高度为 2.4 m。

以经典男装品牌乔治白“GIUSEPPE”为例，该品牌诞生于世界服装王国意大利，乔治白秉承古罗马皇室经典，展现欧洲时尚风情，与灿烂的意大利文化艺术一脉相承，是品位、地位与时尚的象征。乔治白汇聚了男女正装、休闲装、皮鞋、皮具等近 20 种产品单元，每一单元都蕴涵着艺术灵感和卓越品质。轻柔华丽的面料，有着令人期待的旖旎，犹似欲语还休；卓越不凡的设计，融入传统文化的内涵，是人类文明与演进的一种回顾。乔治白的商业道具设计也秉承其品牌文化的雍容与高贵，从巴洛克风格到后现代主义，意大利源远流长的服饰文化经乔治白的演绎得到了完美的展现。沉稳深色调，端庄的线角，精心的商业道具设计，不凡的品质赋予乔治白品牌永恒的欣赏价值。平等与自由，经典与高贵，时尚与新潮，将辉煌的贵族主题发挥得淋漓尽致。

（六）鞋类

鞋属穿类商品，在日常生活中，由于它的位置远离视平线，不像服装那样引人注目，是平时人们用余光才会瞥见的，因此，在商业环境中对鞋的展示的设计就显得尤为重要。要将鞋提升到引人注目的地位，就要对每一双鞋陈列的高度、角度、坡度，以及对光线的运用进行认真考量，对商品陈列的细部刻画是该类商品空间艺术设计的主要层面。

随着社会的发展，近年来，鞋业的发展呈现如下趋势：鞋的价位逐渐拉开了档次，人们从选号码到选款式、选脚感。皮鞋的款式日趋多样，在鞋类的总销售额中，皮鞋的销量占 70%，价格梯度也最大，从几十元到上万元不等。为了适应现代人多层面的生活方式，休闲鞋的种类不断增加，布鞋的数量减少，款式向传统手工艺品转型，多以绣花为鞋面装饰，走精品化道路。

鞋类的销售区域分为边区和中区两部分，高档的品牌位于边区，大众化的品牌散布中区。就道具尺度而言，边区高柜靠墙可做 2.7 m，2.7 m 上方可封合，做 LOGO，两个品牌邻界矮柜可做 1.5 m，其他矮柜高度不限，应低于邻界矮柜高度。中区鞋柜邻界高度为 1.35 m，局部可做到 1.5 m，包柱高度为 2.4 m。形式多样的非标准展台也是近几年的设计趋势，可增强展示效果。

从道具设计上讲，总体上呈现简约的现代风格。展架由过去柜式封闭型向板式开放型转化，便于顾客拿取。展架的陈列方式有多种，一般高度在人的视线以下，陈列板向下倾斜，为顾客提供良好的视觉角度。高于视线的部分做 LOGO 以引导消费者便捷地找到自己需要的品牌。运动鞋常用整墙陈列的方式，统一侧面朝外，给人以很强的秩序感和视觉冲击力。背板墙的形态也日趋多元化，有石墙、灯箱片等，材料也各不相同。与货架陈列相对的是单件商品的陈列，比如采用多宝格或以圆形展台的形式，用鞋本身做视觉筹划，每一只鞋的位置、角度都经过精心策划，向顾客展示每一只鞋的不同个性。

从灯光照明方面分析，一般板式展架分为4~5层，采用层层布光，即在每层陈列板下面加LED灯管。陈列板的材质近几年多以磨砂玻璃为主，磨砂玻璃有轻盈、简洁、透光性好的特点。

销售空间一般会有存储空间和服务空间。存储空间一般分为两部分，大量的货品位于卖场之外的库房。由于鞋的销售频率快，在卖场内设置一定量的存储空间，便于销售人员为顾客调换各种尺码的鞋。为顾客试鞋提供的试鞋凳和试鞋镜必不可少，试鞋凳一般低于40 cm，让顾客舒适、轻松地弯腰试鞋。试鞋镜的倾斜角度为75° ，便于多角度观察。服务空间的细腻设计充分体现了现代商业空间人性化的发展趋势。

从空间设计的总体风格上讲，由于鞋多为深色，所以总体环境选色多以浅色调为主，整体照明用暖光源。由于鞋的体量小，需要通过分组陈列来实现空间节奏的变化。与之相应的道具设计也讲求细部，展墙布景考究，向抒情化、故事化、艺术化发展。对于不同的鞋，设计风格各不相同。男鞋的风格以简洁、刚健为主。女鞋则多用淡雅、曲线形道具表现柔美温馨的女性化特征。以年轻人为消费群体的品牌，多用丰富的色彩。

（七）皮具

皮具属于高消费品，由于使用对象消费水平、性别、年龄的不同，相应皮具的等级也千差万别，品类包罗万象。皮具的分类主要有箱包和小皮件两大类，其中包类按性别可分为男包、女包；按功能可分为背包、挎包、提包、手袋、休闲包、银包（钱包）、体育专业包、学生包、旅行包等。小皮件主要指皮带、饰品等。作为高档商品，皮包不仅具备功能性，也是一种装饰品，其质量的优劣、价位的高低、品牌的知名度，往往是消费者身份的标志。包的时尚与否也反映了其拥有者的身份、个性及对现代生活的态度。

包的材料有革、塑料、真皮、布等多种，其中档次最高的是真皮包。真皮包的设计，每年都有新款出台，其美观时尚程度与服装设计一样，与时俱进、层出不穷。随着时代的发展，皮包从服装柜里的陪衬已发展到作为独立的商品登上陈列展示的舞台，甚至设有模特。

就商业道具而言，不同类型的皮包设计风格迥异。男士提包的展柜以体现王者风范、华贵之气为要领，后背柜每层都要打光以衬托高档商品精良的设计，展台多为双层套桌或发光展台。手袋的使用者以中青年人为主，展台多用双面架、套桌，体现青春、时尚。银包体量小但价格不菲，通常其展柜为带抽屉、带锁的低柜，购物方式像挑选首饰一样精心细腻。这几类高档包常采用封闭式空间布局，高柜环墙而立，矮柜、展台、双面架分布中央，注重环境、色调的整体性与一致性，整体风格含蓄、凝重、华贵，不像化妆品岛那样璀璨夺目、光芒四射，而侧重对商品的聚光。另一大类以休闲运动为主，包括休闲包、体育运动包、旅行包等。休闲包的展示方式多为自由悬挂、随意摆放，体现休闲、潇洒、时尚的风格。一般将体育运动包与专业体育用品归为一类。旅行包工艺讲究，越做越精致，由于旅行包的质量主要在于拉链，所以一般提供宽敞的展示空间并设展台进行展示，消费者可以任意试验拉链的性能。

随着消费水平不断提高，物质生活极大丰富，这种丰富不仅体现在量上，更体现在商品质量的提升和文化属性的增加上。就皮具而言，商品本身的价值在一定程度上就决定于环境的价值。皮具的加工制造越来越精，如今一张牛皮可被分成九层，通过提高技术含量以降低成本。皮具的设计日益精良，随着消费者在购物选择时“吃野菜现象”的升温，产品设计呈现自由、多样化的面貌，向手工化、单件化、艺术品化发展。文化与艺术更多地融入商品，提升了商品设计的格调。商品的文化含量日益增多，文化的多元化带来商品功能的多元化及时尚趋势的多元化，专业的产品设计师将现代设计概念更多地引入商品，在设计文化发展的同时促进了商业的繁荣。

（八）家居用品

家居用品是近几年来，为了满足住房改革中有关房屋装修的需求而出现的，它创造了一个消费新概念。现在“家居用品”卖场中所销售的各种商品在过去是完全分开而分属于不同商品部门的。

传统的零售商业只满足于零售必需品的需要，现代商业则重在营销一种生活概念，创造一个消费主题。“家居用品”概念的提出，有机地整合了相关类型的商品，充分利用商品的关联性和互补性，起到了一种连带的销售效应。“家居用品”的卖场通常设在三层以上，以经营床上用品、家居饰品为主，通常卖场面积大，给人以温馨、抒情的感觉。

在零售业中，家居用品的典范是宜家家居，宜家家居在中国时尚家居新概念的推广方面起到先锋的作用。其简约、实用、富有装饰性的北欧设计风格给中国消费者带来的不仅是一种视觉的冲击，而且也是一种家居观念上的巨大改变。宜家早已超越了有形的家居用品的概念，而成为时尚、品位的样本，许多年轻人都喜欢在装修自己的房屋前到宜家去看一看，参照宜家的设计风格来装扮自己的“小巢”。在宜家的展示区中，有一个个分隔开来的展示单元，分别展示了在不同功能区中如何搭配不同家具的独特效果。宜家的商业道具设计符合普通百姓家居生活的状况，如背板墙的高度为 2.9 m，这是普通住房的层高，过高过低都会给顾客造成错觉，使之做出错误的购买决定，背板墙的颜色也必须是中性的，符合日常生活的习惯。不要使用些特殊颜色来烘托家具，让顾客有错误的感觉。每个展示单元都标注实际面积。所有这些都是从顾客的需要出发，顾客可以原封不动地把展示区的摆设方式“搬”回家去，也会得到与商场中一样的效果。这些展示生动活泼，充满了家庭温馨的感觉，许多顾客到宜家就是为了参考这些摆设方式。即使他们没有购买宜家的产品，但宜家的品牌形象已经深深地印入他们的脑海之中，虽然没有产生直接的经济效益，但其长远效益却是可以预期的。而且宜家经常变换摆设方式，和竞争者形成了显著差异，不易模仿。

宜家另一大吸引人的特别之处是DIY（Do It Yourself的缩写，即顾客自己服务自己），宜家的所有家具都需要顾客自行组装。宜家为所有家具都配有十分具体的安装说明书，顾客可以根据说明书轻松地把家具组装起来，在节省搬运费的同时，也增加了动手的乐趣。一切货物都摆在架子上让顾客自取，家具一律采取扁平式包装，便于运输，顾客回家只要按图组装就行。自助式组装家具的概念在宜家已沿用了半个世纪。

宜家家居代表了一种生活方式——休闲、情趣、现代、浪漫。

（九）家电

家电的分类方法很多，以往通常按电器外观的颜色分为“白电”和“黑电”。白电包括洗衣机、冰箱、空调等，黑电包括电视、录像机、摄像机等。现在随着家用电器的种类不断丰富，电信器材（电话、手机）、音响器材（家庭影院、VCD、DVD、MP3、录音机、Walkman）、照相器材（光学相机、数码相机、录像机、摄像机）、厨卫电器（抽油烟机、热水器、电饭煲、喷淋浴霸）等越来越多，我们大体上可以按商品体量分为大家电和小家电，小家电主要以电信器材（电话、手机）和小型音响器材如各类随身听，以及各类男士剃须刀为主，其余商品为大家电。家电类商品的分类并没有统一固定的标准，可根据商场自身的实际情况对商品进行分类，但商品分类应该以方便顾客购物、方便商品组合、体现企业经营特点为目的。

家电商品的展示与商品的组合方式有关，如果是按种类组合，通常道具的个性化色彩会稍弱，而按品牌组合，通常局部区域的整体感强，容易形成特色。比如某音响器材的展示模拟舞台效果，以增强视听感受。

由于家电类商品种类繁多，陈列手法难以一概而论，我们在此主要介绍大家电的陈列方法。陈列大家电的商业道具以展示台为主，高度都较低，造型简洁，以突出商品为主。具体到每一件不同的商品，在展示方式上侧重点又有所不同。例如，冰箱的陈列要考虑冰箱门的开合对于通道的影响；电视机的柜台，在考虑人对柜台的需求的同时，还必须考虑电视机的普遍品牌和特定品牌的高度、宽度、深度、重量、使用方法、色彩、光度、旋转、存放、展示手法，等等。

（十）其他类商品

商业空间的道具设计，既有共性又有个性，共性指的是任何商品的道具的功能都是展示、陈列商品，其高矮尺度要符合人体工学，都要尽可能与整体商业环境协调一致。个性是指由于不同类型的商品在体量、材质、色彩、价值、使用方法、品牌形象、目标顾客等方面的差异，在商业道具的设计上也手法多样，最终希望能以最佳的方式展示商品，带给消费者视觉、心理上的愉悦，激发消费者的购物欲望。

随着新型建筑材料的广泛使用，设计风格的大胆突破，商业道具的艺术形式也随之千变万化，比如鲜艳的透明有机板丰富了商业环境的色彩，以铁丝塑型而成的饮料瓶形展架活跃了卖场气氛，以剖开的木酒桶作为红酒展架，以抽象化的半个甜橙形象制作的展示容器装满新鲜的水果，木质的人侧脸眼镜展架充满了雕塑意味……商业道具的艺术设计可以说是变化万千、法无定法，但最终都是以衬托商品、美化环境、创造商业气氛为目的。

二、试衣间

在服装店或大型商业空间的服装销售区域里，试衣间是必不可少的。通常试衣间并不受重视，像附属品一样被安置在角落或与柱子结合。然而有眼光的设计师发现了它的独特魅力，如欧时力服饰店的试衣间，紫红色天鹅绒包装垂至地板，看上去像是被魔法师施过魔法的小房间，不知从里面走出来的会是“天使”还是“魔鬼”。经过精心设计的试衣间可以美化商业环境，增加顾客的购物情趣。

试衣间的内部通常设置试衣镜、试衣凳、挂衣钩，不少女式试衣间还为顾客准备了试衣鞋。别看就这几样小道具，可是缺一不可。少了试衣镜，无论试穿的衣服多不合适，也得克服尴尬出来“示众”；少了试衣凳，难免试裤子时就得练“金鸡独立”；少了挂衣钩，顾客手中的包、换下来的衣物就无处可放。试衣间虽小，可是却体现了商家人性化的关怀。

三、景观小品

如果说柜台货架是商业环境中的必需品——“家具”，那么，景观小品就是奢侈品——“陈设”。随着消费者欣赏品位的日益提高，商家的经营观念也不断随之变化，商业环境逐渐向艺术化、展示化方向发展。虽说商场中“寸土寸金”，但为了增加空间活力，增强环境的吸引力，各具形态的景观小品开始活跃于商业环境中。景观小品的类型很多，如模特台雕塑品、各类展台、织物、水景、绿化等。它们在宣传商品、装饰商业空间、激发商业气氛上起了积极的作用。景观小品的布置及其装饰风格要与商业环境的主题及其整体风格一致，起到画龙点睛的作用。

景观小品使室内空间有了节奏，有了起伏，有了高潮。景观小品是穿插在商场中的诗歌和抒情歌曲。它们是多姿多彩，富有节奏、韵律的雕塑群，就像茂密的树林中那些开满了鲜花的树丛一样。景观小品在功能上还起到引导顾客去浏览最华美、最有品位的商品的作用，同时使顾客目不暇接的眼睛得到休息。优秀的景观小品应该是一个小舞台，或者是一组小雕塑，或者是一幅小的画面，在空间上形成独立的乐章。

景观小品的设计应该充满创造性，不是商品的简单组合而应该是商品及灯光的创意组合。景观小品的设计应该富有生活情趣，有情节，有故事性，画面的组合不仅要色彩绚丽，同时应该考虑色调的统一和色彩的呼应关系。顾客穿行于商品的柜台货架所组成的阵列中，沿着设计师事先设计好的动线行进，在行进过程中得到各种商品信息，接收这些信息的同时，在视觉上得到一种休息和放松，在精神上得到一种艺术的享受，从而使顾客更加热爱商品，更加能够体会到商场的经营者对他们的关爱。

任何优秀的商业环境设计都得益于各类设计元素的综合运用与协调，只是在不同的空间中根据不同的需要，在设计元素的运用上侧重点不同罢了。

四、包柱

作为建筑的承重结构，柱子在空间上必不可少。位于商场中区的柱子，容易阻挡人们的视线。因此，如何对柱子善加利用，成为设计师的考虑重点。常用的手法是围绕着柱子的四个面沿伸出四个单独的经营空间，形成丰富多彩、富有趣味的空间。在中区围绕柱子做成品牌店，往往比边区的品牌店更为灵活、更为巧妙、更为方便顾客。

首层往往是销售化妆品的区域，商家往往围绕着柱子放置化妆品的专柜或打造商品岛。通过巧妙地利用柱子向上延伸的空间做成视觉筹划的景点，展示不同品牌的化妆品的色彩和视觉形象。在化妆品和女装区，将包柱处理成圆形更具有女性特征，使商品更加丰富、更为飘逸动人、更方便顾客挑选。色彩的富有诗意的组合和形体的富有诗意的组合相融合。通过设计师的构思和安排，包柱周围形成富有情节的空间。可以用最明快的浅色调和灿烂的发光底台使这个视觉筹划点成为顾客的关注中心，同时，顾客在购物活动中得到艺术享受、身心的松弛和休息。

包柱展柜可以以不同的方式陈列展品，如悬挂式、叠放式、嵌入式，在柱子上方约2m处，即高于人眼的近距离视距的位置设置商品品牌LOGO，顾客在远处就可以看到并找到自己需要的品牌。四周的圆形展台以包柱为中心，辐射、围合成圆形的空间场，使空间层次丰富而又富于变化，包柱展柜形成视觉中心。

在后现代主义消费文化的作用下，后现代大师们突破了维特鲁威“实用、坚固、美观”的古典原则，以含混的、戏剧化的、多元共生的、激动人心的设计语言演绎高消费时代的建筑风格。这一趋势已波及艺术设计的各个领域乃至影响了商业道具的发展。以往的柜台、货架作为商场的固定资产，其评价标准是结实、耐用。随着时代的发展，物欲横流的高商业化社会以快节奏、高效益、与时俱进的现代化节奏促进了商业环境自身不断新陈代谢。商业道具与商品的结合越来越密切，它是承载商品的有机容器，是人与物之间信息互动的桥梁。在不断向前滚动的精神文化大潮的席卷下，商业道具的陈列更趋舞台化、布景化，打破原有的设计规则，以不断变换的概念为商业空间注入“存在即合理”的哲学观念。商业道具为商品提供最闪亮的舞台，将商品最有光彩、最美丽的角度展现给顾客，在视觉有效范围内上演最辉煌的瞬间，以魅力四射的演出吸引人们关注商品。

实训题： 考察两个商业空间环境，形成Powerpoint总结性汇报，分析其空间组织结构、功能分区等细节。

思考题： 商业空间环境的楼层分配种类是如何划分的？

商业空间设计程序

学习目标：熟悉商业空间设计流程，按照设计程序完成设计任务。

学习重点：了解设计流程的每个环节。

学习难点：把握设计流程中每个环节的衔接。

设计程序即有目的的、在理性的指导下实施设计的次序。也就是说，这个次序是在明确设计目的的前提下，遵循分阶段、按时间顺序的一定模型展开的循序渐进的、循环的过程，包括在渐进中出现相互交错和回溯的过程。因为，只有通过循环，不断检验程序的每一步与最初出发点的吻合程度，才能对设计的出发点提出修正意见。所以，设计程序的建立使设计者在解决实际设计问题的过程中，主动地做出合乎需求的安排，协调各方面的关系，更好地与设计目标相适应。

在商业空间环境设计过程中，满足服务对象的需要是制定商业空间设计工作的前提条件，就服务的基本内容而言，包括以下五个阶段：设计前期阶段、初步设计阶段、深化设计阶段、施工图设计阶段、设计施工管理阶段。

第一节 设计前期阶段

一、商业空间设计前期规划

设计前期阶段着重收集包括购物环境和行为信息在内的设计资料，并制定相应的设计标准。

在设计的前期规划阶段，设计者和决策者既要了解有关的设计要求，又要了解不同的设计方案。这种了解主要受到购物环境、商品的特性、社会流行时尚等各方面因素的影响。

二、商业空间设计策划

商业空间设计实际进行之前要制定设计原则和设计基本方针，以及对实施设计程序进度进行计划，这个规划过程就是设计策划。

设计是一个先寻找问题再解决问题的过程，商业空间设计第一个过程就是要确定设计的条件，其中包括购物场地、交通运输、购物环境、企业要求、工程造价、时间安排等要素，通过各种资料的综合分析，明确而详尽地把设计可能面临的困难和构思要点陈述清楚，拟定设计目标以作为整个设计的基准。

这个过程包括：拟定具体设计计划，即制定设计进程表和具体实施设计计划的方法步骤；判定项目计划书，商业空间设计应有相应的项目计划，设计师必须对已知的任务进行内容计划，从内容分析到工作计划，形成一个工作内容的总体框架。

设计师是商业空间设计策划的总导演，是设计意向的总决策人，在设计准备阶段要主持设计规划的修订，进行大量的调查与资料收集工作，并对设计规划进行调整，对收集到的情报与资料进行研究和分析；从各个角度，包括人体工程学、材料学、施工生产程序、有关标准、法规、施工生产管理等诸方面进行系统分析，以之作为策划和决定设计方案的依据。

设计策划的过程非常直接地关系到后续各阶段，因此这个过程主要在于产生一个好的设计计划，否则就没有办法达到好的设计效果。

每一项设计都要执行一种严谨缜密的策划方法，将设计前所要明确了解把握的优缺点和主见理念分析清楚，这应该是商业空间设计策划中思考的重点。在这个过程中，要全面掌握设计策划考虑的条件，必须系统地在功能、经济和时间等项目中各自分析这个项目的内在目标、事实、概念、需求等因素，从而明晰整个设计过程中的潜力和必须探讨的问题。

设计前期的这些设计准备是整个设计工作展开的基础，而在进入这个阶段前，则有以下几方面内容：设计策划小组的构成、设计策划的立案、设计项目管理、设计咨询、设计分析。策划小组成员往往由以下人员组成，他们是企业派出的负责人、设计部门负责人和设计负责项目的主要设计人员。

设计师实现设计思考的依据来源于对设计要求的了解认识，从而形成“应该怎样去做”的概念。因此，明确设计的目的和任务是设计前期阶段首先要把握的，只有明确需要做什么，才能明白应做什么和怎样去做，才能产生我们的构思与策划方案。

三、商业空间设计调查

企业或商家所经营的规模及品牌层次。在商业环境中，在了解了行业的业态性质之后，还需对企业或商家所处的品牌地位和经营规模进行了解，包括对零售类型、营业厅面积、预算投资、装修技术标准、结算方式、服务方式等一系列的问题进行核算，以便于掌握一手资料，这有利于对整个销售空间进行整体把握和风格上的选择，同时还有助于整个展示工程装修材质的确定。

该零售场所的经营方针。在商业销售的场所内，所有的措施都是为了品牌形象的确立和营销目标的完成。如果说我们把商店的规模、环境因素、技术标准、服务设施、商品齐全等都称为“硬件”设施，其目的是为了实现方便性、合理性、舒适性和安全性的标准，那么，在经营环节的“软件”方面——方针政策和管理方法上，同样需要多层面、成系统地进行考虑。

设计依据调研。设计前期，应基于收集到的行为信息建立行为判断的依据，以便据此判断设计的质量和可供选择的方案。行为标准用来衡量某场所有助于完成功能需要的程度，包括六个方面：

（1）功能要求：所设计的环境包含内容的基本组成部分满足特定的功能。

（2）空间要求：足够的使用空间满足使用者的需求。

（3）生理标准：应符合温度和湿度的需求，通风和空调系统的设计有利于身心健康。

（4）安全要求：环境中不应存在外显和潜在的危害或威胁满足使用者安全和健康的因素，不能有电线外露、灯座松动、栏杆过低、铺地光滑、污染环境的装修材料等情况。

（5）知觉标准：知觉标准是指设计的环境感觉的最优水平要求，满足不同的感觉要求，如采光、照明、隔声、隔热等。

（6）社交标准：社交标准的要求是指社交的一般要求——提供各种机会，满足使用者所需的、不同层次的社交行为。

四、资料整理、分析和设计预测

在调查阶段应尽力收集有关资料，对资料进行整理与评价，还应把资料和调查所得的情报进行归纳分类，然后归纳出系统的设计资料。

资料分析是拟定设计策划、施工计划的依据之一。分析是在调查基础上的分析，只要调查方法得当，调查对象不发生偏差，一般均能得到正确的预测。分析时应始终朝着一个目标——决策进行。具体分析时，应以渐进式的推理为基础，最后以不同角度的分析为单元进行综合判断。

首先对设计资料和文件进行分析，以业主所提供的各种资料和文件为基础对项目性质、现实状况和远期预见等进行分析和估算，为设计工作的开展形成参考意见。这包括对建筑图纸资料进行分析以认识、了解自己工作的内容和基本条件状况。

其次是现场分析，包括场地实测，对空间对象情况做现场实地的测量了解，并对现场空间的各种关系现状做详细的记录，充分了解建筑空间的质量、基础设施及配套设施和设备等信息。

在经过设计调查、资料整理和分析后必须对设计进行预测，同时，进行专案管理。设计预测是设计分析后的综合判断，即我们常说的定位。

第二节　初步设计阶段

一、初步方案设计阶段

设计前的作业和分析在归纳与综合之后完成设计预测，开始正式进入商业空间设计创作过程。这个阶段的重点是将前一个阶段中所分析的商业空间内部功能关系发展成空间系统的规模，即设计对象在功能关系、平面形式、空间比例尺度等方面要表达清晰，有一个明确的深度量化要求，各种商业空间的要素也在概要设计中与平面图和剖面图一起进行初步探讨。

在这个阶段，运用创造性技法是寻求突破性设计方案的关键，如果过分注意限制因素，过早地对初步构想进行评估，势必会制约设计师激发新的构想。

在初步设计阶段，设计师应提供的服务包括审查并了解企业或商家的项目计划内容，将对企业或商家要求的理解形成文字，并与商家达成共识，初步确认时间、计划和经费等任务内容，通过与商家的共同讨论设计中有关施工的各种可行性方案以获得一致意见，设计要以图纸方案和说明书等文件作为互相了解的基础。

这一阶段最主要的工作是确定项目计划书，计划书的内容包括图纸（方案性空间计划、平面图、立面图）、计划书、概括设计说明。

初步设计阶段的设计文件要送商家审阅，经商家认同批准后进入下一阶段的工作。

二、商业空间方案设计阶段

第一，设计定位。商业空间设计可依靠销售环境、购物心理等需求行为将理想的商业销售空间变为现实的第一步，如商业空间设计的目标定位、工程技术定位、人机界面定位、工程预算定位等。第二，商业空间设计方案的切入应按照搜集的相关资料及设计定位的内涵进行有目的的规划设计。创意构思要发挥人的主观创造力，设计出创意新颖的设计构思方案。如从空间、功能、心理等方面入手，展开设计构思。第三，综合评价。在设计过程中对解决空间设计问题的方案进行比较、评定，由此确定并筛选出最佳的设计方案。

第三节　深化设计

第一，深入设计。对能选出的设计草图进行设计的深入开发。在原有的评价基础上，从总体设想到各单元的尺寸设定，从虚拟空间到建筑构架展示设计，都要落实在设计文件上。如平面图、商业空间设计展开图、商业空间仰视图、商业空间透视图、商业空间装饰材料翔实版面、设计意图说明和造价预算等。第二，设计表现。在设计过程中，为了更准确地将设计师的设计意图充分地展现在人们面前，语言、形体、图表、模型等手段都有一定的说服力，但更加醒目直白的效果图则更能给人以一种真实的印象，与其他表现形式相辅相成、相得益彰。此设计方案仍需进行设计的综合评定，经审定后，方可进行施工图设计。

一、设计预想图

设计预想图就是设计的效果图，是以各种表现技法表现设计对象的视觉效果。预想图按表现目的可分为“透视效果图”“爆炸分解图”和“剖面表现图”三类。

各种表现技法都应准确表现设计物的真实感。注意不要过分追求装饰效果，以防止设计失真。

二、设计模型

设计模型是依照设计物的形状和结构，按比例制成的样品，又称为模型。模型是对设计物造型的实态检验。通过模型来分析设计物在功能上、结构上和使用上的合理性，容易取得较准确的鉴定意见。此外，还可以进一步探讨设计物的造型美。因此，设计师必须具备制作模型的知识和技巧，以便自己动手或指导工人制作模型，并在制作中及时发现问题，通过修改获得满意的设计效果。

设计师往往是根据不同的设计目标而选定模型的种类。模型的种类一般分为粗模型、外观模型、透明模型、剖面模型、测试模型及精细模型六类。

第四节　施工图设计

施工图设计。设计经过设计定位、方案切入、深入设计、设计表现等过程，直至方案被采纳。在即将进入设计施工之前，需要补充施工所需要的有关平面布置图、细部大样图及设备管线图等，编制施工说明和造价预算等。

施工图纸是根据预想图和模型的实态检验而绘制的工程设计图纸，是正式施工的依据，因此应严格按照国家标准的规范来绘制。

首先，图纸应具备精确性、通用性、永久性和复制性的特点。所谓精确性，是指工程图纸所标示的数字尺寸应与制造成的成品准确无误；所谓通用性是指图纸应规范化，所有的工程技术人员都能看懂和实施；所谓永久性是指超越时空限制而使工程图永久保存良好；所谓复制性是指为供应各工种、各工序使用、可运用晒蓝图或微缩放大的方法大量复制。

以上所述，从构想—草图—预想图—模型—设计制图的实际作业过程，并非总是一帆风顺的，因为这个过程本身就是设计问题求解的过程。在这个过程中，必然会产生各种新矛盾和处理矛盾的新方法。作业过程的变化与重复，也说明在设计过程中反馈的必要性。在正常情况下，各种设计表现技术总是交错运用。

CAD（计算机辅助设计）是有效的设计辅助工具。CAD 技术的应用使传统的人手绘图和制作模型在效率和准确性上都有很大提高。

第五节　设计施工管理

一、设计施工阶段

这是实施设计的重要环节，又被称为工程施工阶段。为了使设计的意图更好地贯彻实施于设计的全过程中，在施工之前，设计人员应及时向施工单位介绍设计意图，解释设计说明及图纸的技术交流，在实际施工阶段中，要按照设计图纸进行核对，并根据现场实际情况进行设计的局部修改和补充（由设计部门出具体通知书）；施工结束后，协同质检部门进行工程验收。

二、设计施工管理及其他服务阶段

设计的成果最终以报告书（包括文字、图表、照片、表现图及模型照片等）的形式，经反复研讨与修改后构成综合性文件资料，设计师应将全部资料移交施工管理部门处理。同时，设计师仍应与施工等部门直接联系与合作。

第六节　设计评估

当设计实施完工后有必要对设计进行评估。通过评估发现并纠正未预见到的问题，提供有关商业空间绩效的正式文件，证明所评估的商业空间环境是否符合评估标准和使用者的要求，向有关人员和部门反馈评估结果，发布、交流和传播评估信息，作为更新和完善现行设计标准、具有规范性和指导性的基础资料和依据。

因此，持续的使用后评估，对于满足使用者的需求，降低建造和维护成本，提高商业空间和环境质量具有重要的意义。

实训题：利用实际案例分析设计流程。

思考题：为什么设计最后要做设计评估工作，有什么作用？

商业空间设计案例赏析

图1　西西弗书店通道

图2　西西弗书店图书展示区

图3　大连柏威年此刻生活馆玩偶区

图4　大连柏威年此刻生活馆花卉展示区

图 5　大连柏威年此刻生活馆家居生活品展区

图 6　大连柏威年此刻生活馆 CAPIO 展区

图 7　大连柏威年此刻生活馆陶艺品区

图 8　大连柏威年此刻生活馆陶艺区局部展示

图 9　大连柏威年此刻生活馆饰品展示

图 10　大连柏威年此刻生活馆文具用品展示

图 11　大连柏威年此刻生活馆雕塑陈列

图 12　生活化展示

图 13　家居床品生活化展示

图 14　床品场景化展示

图 15　花卉衍生品展示

图 16　柱式周围展示区

图 17　阶梯式展架展示

图 18　商业环境中的餐饮空间展示

图 19　餐饮空间中的通道设计

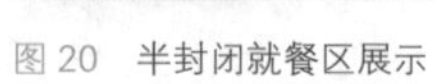
图 20　半封闭就餐区展示

图 21　开敞式就餐展示

图 22　商业空间共享大厅场景一

图 23　商业空间共享大厅场景二

图 24　商业空间共享大厅场景三

图 25　商业空间共享大厅场景四

图 26　商业空间共享大厅场景五

图 27　商业空间共享大厅场景六

图 28　商业空间共享大厅场景七

图 29　商业空间共享大厅场景八

图 30　商业空间共享大厅场景九

图 31　商业空间专卖店门面设计一

图 32　商业空间专卖店门面设计二

图 33　商业空间专卖店门面设计三

图 34　商业空间专卖店门面设计四

图 35　商业空间专卖店门面设计五

图 36　商业空间卖场空间设计

图 37　商业空间专卖店内部空间设计

图 38　商业空间顶面设计一

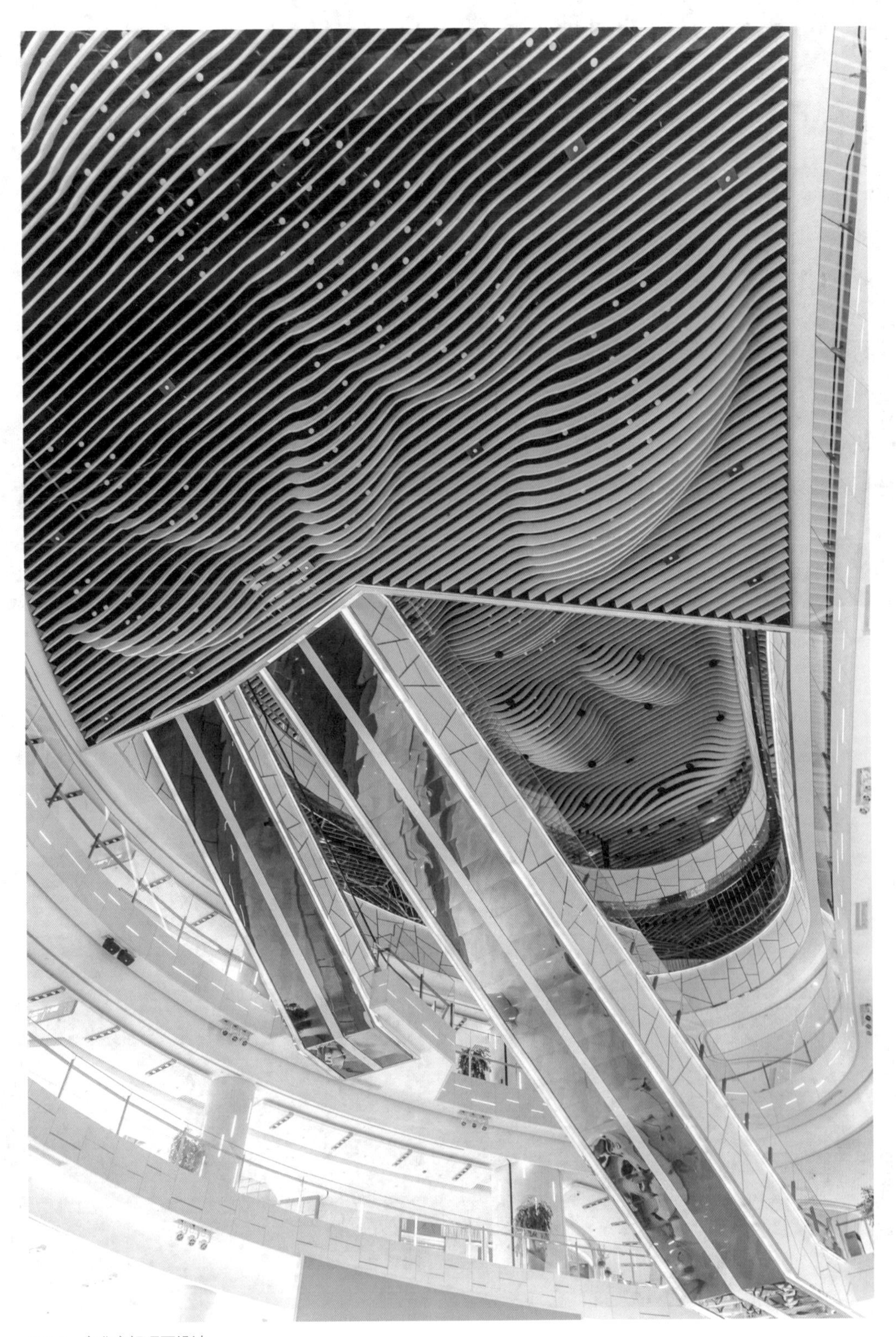

图 39　商业空间顶面设计二

图 40　商业空间顶面设计三

图 41　商业空间顶面设计四

图 42　商业空间扶梯部分设计

图 43　商业空间室外部分设计

参考文献

Reference

[1] UDAS. Mixed Use in Urban Centers —— Guideline for mixed use development [R].Australia：Urban Design Advisory Service，2000.

[2] Kevin Sinclair. Making Connections–Aedas Architects in Asia [M]. Hong Kong：Aedas，2005.

[3] 顾馥保. 商业建筑设计（第二版）[M]. 北京：中国建筑工业出版社，2003.

[4] 陈岚. 现代商业综合体建筑设计研究 [D]. 天津大学硕士学位论文，2005.

[5] 杨秉德. 中国近代中西建筑文化交融史 [M]. 武汉：湖北教育出版社，2003.

[6] 罗小未. 外国近现代建筑史 [M]. 北京：中国建筑工业出版社，2004.

[7] 张伟. 商业建筑 [M]. 北京：中国建筑工业出版社，2006.